design and combination of modular apartment

by Li Xiaoning

单体模块套型

组合模块套型

通廊式住宅

单元式住宅

塔式住宅

李小宁 著

模块户型的设计与组合

中国建筑工业出版社

图书在版编目（CIP）数据

模块户型的设计与组合/李小宁著.—北京：中国建筑工业出版社，2013.6
ISBN 978-7-112-15427-2

Ⅰ.①模… Ⅱ.①李… Ⅲ.①住宅-建筑设计 Ⅳ.①TU241

中国版本图书馆CIP数据核字（2013）第098338号

本书作者为我国著名楼市分析专家、户型设计专家。

作者以住宅建设中的国家标准为依据，遵循模数协调网格化、标准化的规律，结合人体工程学和家具尺度，以下限为基准，套型设计既控制开间和进深，又保证区域和家具分离明确；单元设计既组合标准，又互换便捷；楼座设计既采光、通风良好，又美观、大方。

本书图文并茂，直观实用，可供开发商、建筑设计公司、房地产策划营销、建筑装饰公司及广大居民等参考使用。

责任编辑：许顺法　陆新之
责任设计：陈　旭
责任校对：张　颖　赵　颖

模块户型的设计与组合

李小宁　著
＊
中国建筑工业出版社出版、发行（北京西郊百万庄）
各地新华书店、建筑书店经销
北京嘉泰利德公司制版
北京画中画印刷有限公司印刷
＊
开本：880×1230毫米　1/16　印张：12½　字数：380千字
2013年9月第一版　2013年9月第一次印刷
定价：88.00元
ISBN 978-7-112-15427-2
　　　（24023）

户型的模块与组合
（代前言）

模块，又称构件，是能够单独命名并独立地完成一定功能的构造的集合。在《韦氏英语词典》里，"模块"一词的第一条解释是"家具或建筑物里的一个可重复使用的标准单元"。

具体到住宅，就是如何将单个的居住空间，单个的厨房和卫生间设计成模块，然后将其组成模块户型，同时，与模块电梯、模块楼梯组成的模块交通核结合成模块住宅单元，一个到数个模块住宅单元再组成模块楼座。

如果这样的话，住宅的建设就能够像生产计算机、电器，生产组合家具一样完成设计和建造。

设计时，根据需要选择模块户型，然后进行多种的拼接、组合，形成各种样式，在满足经济指标的条件下，按照模数协调规矩和接口要求适时调整尺度。这中间，要满足人体工程学的需要，满足橱具、洁具、家具、表面铺装材料以及门窗、管线、管井尺度的需要。

建造时，大部分的水泥、钢材构件，大部分的管线构件，大部分的门窗构件，大部分的表面装饰材料等，都可以在工厂预制，实行标准化、批量化的生产，然后运送到施工现场进行组装，最终完成住宅的建设。

如果这样的话，在众多的成熟设计方案中，可以优中选优，并且大幅缩减设计费用。

如果这样的话，大量的建筑部品可以在工厂中完成建造，尺度和质量都能够得到保证。同时，安装时，不仅施工现场整洁，工期也会大大缩短。

这是一个美丽的愿景，也似乎是一个美丽的神话，一些设计单位、开发企业为此付出了多年的努力，探索住宅产业化的道路。

那么，如何将来自计算机、电器领域的模块设计、生产方式结合到住宅建造领域呢？

本书以住宅建设中的国家标准为依据，遵循模数协调网格化、标准化的规律，结合人体工程学和家具尺度，以下限为基准，套型设计既控制开间和进深，又保证区域和家具分离明确；单元设计既组合标准，又互换便捷；楼座设计既采光、通风良好，又美观、大方。

国家标准《住宅性能评定技术标准》（G/T 50362-2005）中，设置了住宅适用性的评定标准，包括单元平面、住宅套型、建筑装修、隔声性能、设备设施和无障碍设施等6项。其中，住宅套型、设备设施属于模块户型的内部特征，单元平面属于模块户型的外部特征，而建筑装修、隔声性能和无障碍设施则内外兼备。

因此，本模块户型的设计中，对其进行了参照。

模块户型的内部特征

内部特征是指模块户型的内部环境具有的特点，即该模块的模数协调和平面布局。

住宅适用性的评定标准中的住宅套型包括套内功能空间设置和布局、功能空间尺度。

在套内功能空间设置和布局中，沿用了近年国内流行的套型样式，采用了动静分离、干湿分离、洁污分区等手法，既保证了分区细致，又适当借用空间，达到集约化，提高了空间的利用率。

比如A4户型，采用小套型中的合体一居（俗称"大开间"）布局，在适时缩小开间、加长进深的空间比例中，使29平方米的使用面积容纳下了书桌、标准双人床、两组衣柜、三人沙发和四人餐桌，同时还拥有4平方米的卫生间和4平方米的明厨房。

比如B5和B6户型，均采用相同的户型尺度，内部功能空间设置和布局在厨卫位置不变的情况下，将两个卧室和起居室的方向进行了不同的组合，适应不同用户的需要。

同时，在套型样式上，设计了放置于楼座两端的头套型和尾套型、南北通透的腰套型、单向采光的足套型、偏转角度的转角套型等。

比如腰套型，左半边的主卧、书房和卫生间尺度完全相同，右半边的起居室、厨房和次卧也是采用互换组合出来的，通用性很强。

比如转角套型中的C13和C14户型，主要居室格局、位置相同，起居室一个平直、一个转角，以满足不同方向的需要。

在功能空间尺度上，遵照人体工程学和通用家具的规格，在传统的3M模数基础上，严格按照1/2的1.5M模数设计，继往开来，采用模数协调网格化，保证了开间和进深的规范和标准。其中：厨房和卫生间采用统一的1.65米的宽度，而长度则跟着卧室和起居室的开间走，保证墙体的规矩；卧室基本方正，杜绝长形、刀把形空间；起居室开间和进深比例维持在 1:1.5～1:1.75 之间，使之可合理地放置沙发和餐桌。由于篇幅所限，本书将功能空间尺度控制到使用舒适的下限，因为放大尺寸要容易得多。

比如开间3米、进深3.3米的双人卧室，使用面积刚好满足《住宅设计规范》（GB 50096—2011）中规定的9平方米，而3.3米的进深，恰到好处地放置下1.5米的标准双人床、两个0.45米的床头柜和两组0.6米×0.9米的衣柜。开间2.25米、进深2.55米的单人卧室，使用面积刚好满足《住宅设计规范》（GB 50096—2011）中规定的5平方米。

比如厨房采用1.65米的开间，净开间基本为1.5米，也刚好满足《住宅设计规范》（GB 50096—2011）中的"单排布置设备的厨房净宽不应小于1.5米"的规范，同时，1.65米×2.85米的厨房，净空间基本为1.5米×2.7米，使用面积也刚好满足最低面积标准的4平方米。

比如门窗的宽度全部统一：户门1米；卧室门0.9米；厨房和卫生间门0.8米；阳台和储藏间门0.7米。窗户和推拉门按照0.6米、0.9米、1.2米、1.5米、1.8米的模数增减。阳台则将进深统一到0.9米。

住宅适用性的评定标准中的设备设施包括厨卫设备、给水排水与燃气系统、采暖通风与空调系统和电气设备与设施。

厨房的设计中，不仅直接通风，避免使用电磁灶，同时采用了标准的0.6米宽的橱柜，配备双盆水槽和双眼燃气灶，并能放置进冰箱或洗衣机。

卫生间的设计中，不仅保证洁具三件套的正常放置，而且在淋浴部分杜绝了只设喷头而无淋浴间的简单做法，设计了0.8米×1.2米或0.9米×0.9米的独立淋浴间，或1.5米长的浴缸。

同时，厨房和卫生间的设计中都预留了管道和通风道。

模块户型的外部特征

它是指模块跟外部环境联系的接口，即其他模块调用或对接该模块的方式，包括模块模数协调尺寸、模块组合单元样式。

住宅适用性的评定标准中的单元平面包括单元平面布局、模数协调和可改造性、单元公共空间。

在单元平面布局中，尽量遵照近年市场上流行的布局样式进行组合。

比如通廊式中的I字楼，通过一条走廊集中设置最小套型，降低公摊，满足保障房中的公租房或商品房中的青年公寓对面积的控制。

比如通廊式中的 L 字楼，只设计了转角部分，端部预留了接口，以适应不同单元和楼座的继续接入组合。

考虑到南方流行井字楼和风车楼，设计中加入了这类样式，并且楼体进深变小，均采用明卫，保证良好的通风。

为了增加日照，保持样式的多变，设计中也加入了蝶形楼，并且独创了鹰形楼，丰富了模块户型的使用范围。

在模数协调和可改造性上：腰套型采用相同的 8.7 米进深、3.75 米的卡口，保证对接的规范；头套型采用两面采光，尾套型采用三面采光，并都将大门设置在里侧，保证充分利用端部的采光面；足套型采用 6.3 米的短进深，保证单面采光时室内灰色空间最少，并避免大的进深造成走道过长；对应套型在开槽部分留出了 1.35 米的开口，对接后形成 2.7 米开槽，大于通常的 2.4 米，保证了采光的充分；转角套型则注意既保证 45°角偏转的规范，也注意多角度调整的灵活。

在单元公共空间上：走廊采用统一的 1.5 米轴线宽度，便于对接的标准；电梯采用标准的 2.1 米×2.4 米以及宽型的 2.4 米×2.4 米、窄型的 1.8 米×2.4 米；步行梯中的剪刀梯尺寸为 3 米×7.5 米，两跑梯为 2.7 米×5.1 米，调节尺寸在 5% 左右。同时，为避免噪声干扰，所有电梯都不与卧室相邻。

电梯的前室保持在 2.1 米以上，以获得充裕的空间。

在公共管井的预留上，保证了面积充裕，不同井分置，位置拉开，以使管线的布置更为合理、便捷。

在交通核的采光、通风上，大都采用电梯明厅，个别是通过步行梯开窗。

以上标准，都高于《住宅设计规范》(GB 50096-2011) 的下限。

总之，所有模块的组合，都在标准的 1.5M 模数中进行，以达到模数协调网格化、标准化。

凡此种种，标准模块像积木样拆装，可重复使用的标准居室组成可重复使用的套型，可重复使用的套型组成可重复使用的单元，可重复使用的单元组成可重复使用的楼座，最终实现了模块户型的组合，将美丽的愿景，美丽的神话变成了美丽的现实。

目　录

户型的模块与组合（代前言）

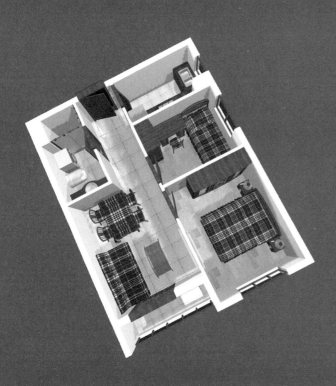

模块思路篇

空间的减排

篇前语

模块户型通过标准化的设计、生产、施工，实现住宅产业化，避免造成材料和资源的浪费，减少现场浇筑和装修产生的建筑垃圾，最终达到节能减排。

设计的减排

从房屋建造的初始阶段开始就要进行科学系统的设计和实施。实际上，项目花费在前期勘察、设计上的时间和费用是比较大的，模块化的套型设计，标准化的组合方案，不仅能缩短时间、优化选择，避免后期的调整，还能节约设计费用。节约人力、物力和财力，最终是节约能效，也就间接地减少了碳的排放。

材料的减排

在工厂内通过流水线对建筑的部分结构甚至装修材料进行预制生产，如墙体、梁柱、楼板、楼梯、阳台、窗，以及室内装修需要的房门、门套、窗套、铺地材料、踢脚线、吊顶、橱柜和厨卫用具等，然后到施工现场进行组装。以装修用电为例，批量生产一定数量的房屋装修所用的瓷砖、地板、木门、浴室柜等，比相同数量的个人用户单独定制这些产品节约 30% 的用电量。同时，在现场施工中，运用工厂化装修的施工作业比个人用户单独现场施工节约 30% 的用电量。根据住宅和城乡建设部住宅中心对国内装修企业调研的数据，一套住宅全套木工作业大约需要 1000 度电，节约 30% 就是 300 度电。1 度电的碳排放量大约为 0.79 公斤，一套房屋省电 300 度约减少 237 公斤的碳排放。

运输的减排

建筑安装和装修的生产阶段会产生大量的建筑垃圾，暂不考虑处理这些带来的巨大影响，仅就建筑垃圾运输环节统计，一般家庭一次装修约产生 1 吨的建筑垃圾，按照住宅到城外垃圾处理场往返 100 公里，车辆平均百公里油耗 15 升计算，1 升汽油完全燃烧的碳排放量大约为 2.25 公斤，15 升约为 33.75 公斤。

模块户型的设计思路

20世纪70年代,北京经历了"大板楼"时代,那时北京建设部门下属的水泥构件厂承担着"大板楼"墙体的预制件生产,然后运到施工现场吊装。可惜,由于技术不成熟以及设计的单一,很快就被各自为政的现浇工艺所代替。

20世纪末到21世纪初,地产龙头老大深圳万科地产开始了住宅产业化的探索,沿用了"大板楼"时代的预制墙体方式,并将内外墙装饰一并制造,同样运到施工现场吊装。遗憾的是,设计样式的单一,生产规模的有限,使建造成本高于同社区现浇住宅15%,阻碍了万科住宅产业化的步伐。

做活动板房出身的上海雅世集团也进行了住宅产业化的实践,他们学习日本的技术,更多在部品上下工夫,将相对长寿命的水泥、钢架结构和相对短寿命的管线分离,达到更换的便捷,实现可持续发展。欠缺的是,空间分割的细碎导致了利用率的大幅降低。

做橱柜出身的博洛尼,前些年也加入了住宅产业化的行列,他们从生产单体橱柜到整体厨房,进而到整体家装,甚至推出了保障房的经济型装修方案。有限的是,装修只是住宅设计、建造中的后期。

以做中央空调起家并介入整体卫浴产品的远大集团,倡导预制拼装工艺,采用钢结构加水泥预制板,在施工现场用螺栓快速安装,甚至计划用这种手法在长沙用10个月建造838米的"世界第一高楼"。疑惑的是,这类预制拼装工艺对于超高的建筑是否安全,对于精细尺寸的住宅是否适用?

实际上,这些住宅产业化的实践只是采用了模块户型中的一部分,比如墙面的标准化、部品的标准化、装饰的标准化,而缺乏居室的标准化、套型的标准化、单元的标准化。应该认识到,住宅产业化的根本问题,不仅是装配化、预制化、工厂化问题,推动产业化的进程,首先要建立以建筑为主要专业的建筑体系,解决模数协调网格化、标准化的问题。

当带有行政色彩的保障性住房建设如火如荼地进行时,当有限的资金要投入到无限的建设中时,当一些地方出现了"楼歪歪"、"楼脆脆"时,提高设计和建造质量,降低生产和施工成本,加快开发和建造速度,就成为了迫在眉睫、势在必行的问题。

前不久,中国建筑标准设计研究院等26家建筑设计与研究单位编纂的《公共租赁住房优秀设计方案》征求意见稿和北京市公共租赁住房发展中心编纂的《北京市公共租赁住房标准设计图集》相继出台,为规范公租房建设机制,推动新型建筑材料、节能环保设备以及住宅产业化的全面实施，提高建设质量和效率，提供了有益的思路。应该肯定，这些设计在简化结构和规范标准上下了很大工夫，为产业化的实施打下了基础。但是也应看到，由于过多地细分空间，缺乏合理的家具布置，使得建筑的使用率和户型空间的利用率都有所降低，进而降低了舒适度。同时，户型和楼座的单一，使选择和建造受到了限制。

因此，模块户型的设计思想是实现住宅产业化的重要环节，也是实现保障房大批量生产的重要途径。

模块设计的术语

从标准化设计的要求来看，模块套型不宜有过多的样式，而组合成单元和楼座却应该丰富多彩。

3M 模数与 1.5M 模数

按照《住宅设计规范》(GB 50096—2011) 的基本规定："住宅设计应推行标准化、模数化及多样化，并应积极采用新技术、新材料、新产品，积极推广工业化设计、建造技术和模数应用技术。"

模数中 1M 等于 10 厘米，传统的模数网格在两个方向上的扩大模数值，通常为 3M 模数的倍数，如 12M、15M、18M、21M，直至 33M、36M、39M、42M 等，在住宅设计多样化、实用化、精细化的现状下，3M 模数已经难以适应，因此，引入了半 3M 模数的概念，也就是以 1.5M 为基本单位，扩大倍数为 13.5M、16.5M、22.5M、31.5M 等。

1.5M 模数可以适应小套型，包括保障房中的公租房等小居室的精细化要求，提高空间利用率。

如：双人卧室采用 3.15 米 ×3.15 米，净空间基本为 3 米 ×3 米，使用面积刚好满足最低面积的 9 平方米，同时正好放进标准的卧室三件套，即 1.5 米宽的双人床、两组 0.6 米深的衣柜和两个 0.45 米宽的床头柜。

又如：单人卧室采用 2.25 米 ×2.55 米，净空间基本为 2.1 米 ×2.4 米，使用面积也刚好满足最低面积的 5 平方米，同时在 2.1 米净开间的情况下，稍有余量地放进标准的 2 米长的单人床以及 1.2 米的书桌和一组衣柜。

又如：厨房采用 1.65 米的开间，净开间基本为 1.5 米，也刚好满足《住宅设计规范》(GB 50096—2011) 中的"单排布置设备的厨房净宽不应小于 1.5 米"的规范，同时，1.65 米 ×2.85 米的厨房，净空间基本为 1.5 米 ×2.7 米，使用面积也刚好满足最低标准的 4 平方米。

再如：卫生间采用 1.65 米 ×1.95 米，净空间基本为 1.5 米 ×1.8 米，使用面积为 2.7 平方米，也恰到好处地满足了"三件卫生设备集中配置的卫生间的使用面积不应小于 2.5 平方米"的规范。

另外，目前的基本模数 1M 为 10 厘米的整倍数，采用 1.5M 模数后，就能出现 5 厘米的差异，提高了设计的精细化。

但是也应该看到，模数划分不宜过细，因为设计模数是为了实行模块化，尺寸越集中，越利于降低成本，越利于工业化生产，通用性也越强。因此，在实行了多年的 3M 模数的基础上设置 1.5M 模数，也是为了承前启后。

套型与户型

套型是由居住空间和厨房、卫生间等共同组成的基本住宅单位；户型是指某一类，或某种样式的套型。前者比较笼统，后者相对具体。本书中，按照套型适用位置设计了头套型、腰套型、足套型、尾套型、对应套型和转角套型，每类套型中分别设计了不同居室的 A、B、C 户型，每个户型按照门窗不同的位置和方向分出了 −1、−2、−3、−4 样式等。

实例 1：头套型 B13−2、B13−4

由于次卧采用走廊高窗通风，只能算储藏室，所以两户型实际为一室二厅一卫，套内使用面积 40.74 平方米，阳台面积 1.22 平方米。

两户型开间和进深尺寸都采用了 1.5M 模数：

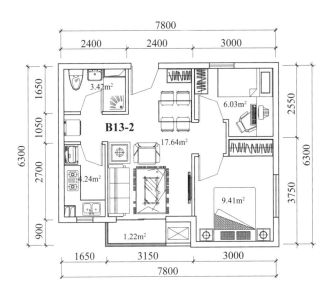

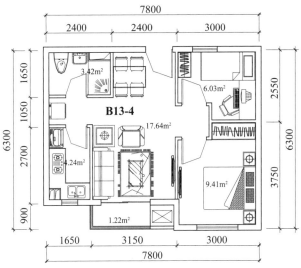

户型编号	B13-2	B13-4
户型类型	一室二厅一卫	一室二厅一卫
套内使用面积（m²/套）	40.74	40.74
套型阳台面积（m²/套）	1.22	1.22

开间部分下端，厨房 1.65 米，主要是满足净开间 1.5 米的最低标准，客厅 3.15 米，这样，与 3 米开间的卧室相连，形成了 7.8 米面宽的模块尺寸。

进深部分左端，阳台 2.7 米，冰箱间 1.05 米，卫生间 1.65 米，形成了 6.3 米进深的模块尺寸。

开间部分上端，卫生间 2.4 米，餐厅 2.4 米，次卧 3 米。

进深部分右端，次卧 2.55 米，主卧 3.75 米，这是在 3.15 米的模块基础上，增加了 0.6 米深的衣柜，并且埋进墙面。

所以，当模数协调尺寸变成 1.5M 时，不仅适应了传统的 3M 模数，也使得协调尺寸变得更实用，适应了小户型的精细化需求。

两户型的区别是：大门的位置不同，用以调整与公共走廊的接口；主卧的窗户方向不同，用以调节日照方向。

过道和走廊

过道是住宅套内使用的水平通道；走廊是住宅套外使用的水平通道。主要过道轴线尺寸为 1.2 米，厨房和卫生间共用转换过道轴线尺寸为 1.05 米；走廊轴线尺寸为 1.5 米，电梯前室轴线开间尺寸为 2.1 米以上。

住宅单元和楼座

住宅单元是由多套住宅组成的部分建筑，该部分内的住户可以通过共用的楼梯和安全出口进行疏散；楼座是由一个至多个住宅单元组成的整体建筑。通廊式既有一个单元的楼座，如 I 字楼、L 字楼，也有双单元但走廊互通的楼座，如 U 字楼。单元式中，少数为独单元的板塔楼，多数是多单元的连体板塔楼。塔式中除个别双座的连体楼，如双井字楼，绝大多数是独单元的楼座，如井字楼、风车楼、鹰形楼、蝶形楼、口字楼、斜向楼。

居室和空间

居室是居住空间中的卧室、起居室（厅）、书房以及厨房、卫生间的统称；空间泛指局部的、不确定的套型内外的位置。如起居室分成客厅、餐厅和门厅，通常没有明确的界限，分析交通动线时，经常会涉及某一区域，因此可以称其为空间。

模块设计的指标

按照 2012 年 8 月 1 日实施的《住宅设计规范》（GB 50096—2011）：

各功能空间使用面积（m²）

等于各功能空间墙体内表面所围合的水平投影面积。除此之外，窗户部分按照墙体内表面围合计算，室门按照门洞中轴内表面围合计算。

套内使用面积（m²／套）

等于套内各功能空间使用面积之和，包括卧室、起居室（厅）、餐厅、厨房、卫生间、过厅、过道、储藏室、壁柜等使用面积的总和。

套型阳台面积（m²／套）

等于套内各阳台面积之和。阳台面积均按其结构底板投影净面积的一半计算。

套型总建筑面积（m²／套）

等于套内使用面积、相应的建筑面积和套型阳台面积之和。具体说，等于套内使用面积除以计算比值，加上套型阳台面积所得的面积。

另外，2012 年版的《住宅设计规范》（GB 50096—2011）未设"住宅标准层总建筑面积"、"住宅标准层总使用面积"和"住宅标准层总使用面积系数"三项，考虑到不受楼层高低以及设备间和公共空间的影响，保证计算方便，本书未设"住宅楼总建筑面积"一项，仍沿用 2003 年版的《住宅设计规范》（GB 50096—1999）：

住宅标准层总建筑面积（m²）

按外墙结构表面及柱外沿或相邻界墙轴线所围合的水平投影面积计算。

住宅标准层总使用面积（m²）

等于本层各套型套内面积之和。

住宅标准层总使用面积系数（％）

等于住宅标准层总使用面积除以住宅标准层总建筑面积。

因套型总建筑面积中包含了套型阳台面积，为保证标准层各套型总建筑面积之和等于住宅标准层总建筑面积，体现准确性和合理性，故在"住宅标准层总建筑面积"和"住宅标准层总使用面积"中都加入了标准层各套型阳台面积之和。

模块设计的特点

本书模块户型的设计主要应用于小套型住宅，尤其是保障房。模块住宅包括墙体、框架、屋顶、门窗内的绝大部分部件，均为工厂流水线生产出的标准模块，主要由内外墙板、管井、交通核中的电梯和楼梯、门窗、带有固定接口的支撑立柱、拉固部件等几大部分组成。建造时，预先打好地基，修好地下室，安放好水处理存储系统，然后将模块运送到房屋所在地，利用吊装设备按组装程序进行现场组装。采用模块结构，使用面积系数比同类砖混结构、框架结构和剪力墙结构提高 2％ 以上，保温性能提高 1 倍以上，建造劳动强度减少 80％ 以上，建造时间缩短 85％ 以上，建筑垃圾排放量减少 88％ 以上，几乎四季都可建房。最重要的是，设计强度大大降低，方案却大大增多，在模块户型预存的情况下，两三个小时可以画完一个楼座所需的 CAD 平面图。

模块设计包括两大部分：模块套型设计和模块单元及楼座组合设计。

模块套型是按照住宅功能及建筑结构由模块居室合理组合完成的基本居住套型，按照 2012 年 8 月 1 日实施的《住宅设计规范》（GB 50096—2011）的要求，应该努力做到：

结构协调和调整灵活

住宅平面设计要符合模数协调、住宅户内空间灵活分割的原则。如选用砌体结构，就要考虑砌块的模数，而采用钢筋混凝土框架体系，则要使各向尺寸符合模数协调。尽量选择有利于空间灵活分隔的结构体系，如框架体系比砌体体系在空间分隔上要灵活些；尽量减少大面积钢筋混凝土墙或承重墙的设置，为日后改造提供可能性。

本书在传统的3M模数的基础上，采用1/2的1.5M模数，严格规范开间和进深，实现模数协调网格化、标准化，并且使套型内的隔墙采用非承重墙，便于灵活调整。为了保证户型、单元、楼座的所有结构尺寸均符合1.5M模数，采用了中线定位法，即以墙体中缝为计算标准线，也就是使用单线网格。目前，墙体暂定为：厚墙20厘米，用于外墙和户间隔墙，薄墙10厘米，用于户内隔墙。对于不同厚度的墙体，结构网格和装修网格会出现5厘米的调整空间。

实例2：头套型 B13-5、B13-6

两户型均为二室二厅一卫，套内使用面积40.74平方米，阳台面积1.22平方米。

表面上看，两户型与前面的B13-2、B13-4户型完全相同，主要区别是次卧的窗户开在了侧面，形成了两面采光，也就是说，从单面采光的足套型变成了两面采光的头套型，这一变化，使原本通过走廊高窗通风的次卧直接对外采光，变成了明室，户型也由一居变成了两居。这一变化还有一个重要的意义，就是与其他模块对接时多了个方向，因而协调起来更加灵活。

两户型的区别是：大门的位置不同，用以调整与走廊的对接。

面积经济和尺度舒适

考虑到小户型比大户型在尺度控制上要难很多，一些主要空间的面积标准卡在了《住宅设计规范》（GB 50096-2011）的下限，如：双人卧室不小于9平方米；单人卧室不小于5平方米；

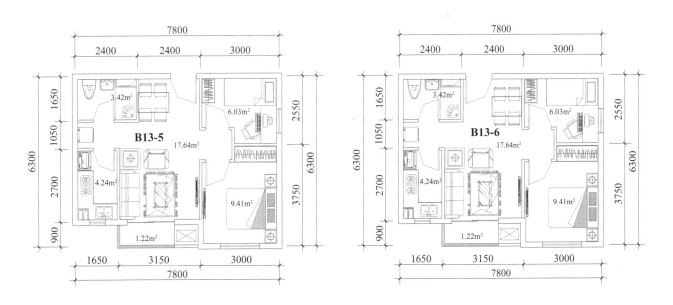

户型编号	B13-5	B13-6
户型类型	二室二厅一卫	二室二厅一卫
套内使用面积（m²/套）	40.74	40.74
套型阳台面积（m²/套）	1.22	1.22

厨房不小于4平方米等。套型的套内使用面积则保持经济，如：合体一居30平方米；标准一居35平方米；标准二居45平方米；标准三居55平方米。独立餐厅或双卫的套型则每项增加5平方米左右。

面积标准的控制并不意味着局促，如9平方米的卧室要能放进卧室三件套，4平方米的厨房要能放进双眼灶具、双槽洗涤池以及冰箱或洗衣机，4平方米的卫生间要能放进独立淋浴间、坐便器、洗手盆和洗衣机，而起居室则要保证餐厅和客厅分离，并且至少能放进三人沙发和四人餐桌。

实例3：头套型A7-2、A7-4

两户型为一室一厅一卫，套内使用面积33.56平方米，阳台面积1.27平方米，基本符合标准一居的最低要求。

卧室采用3米×3.3米的模块，四面墙体一般两薄两厚，使用面积尺寸为2.83米×3.15米，加上门中缝内面积，通常为9.02平方米，刚好

满足规范中不小于9平方米的要求。但此两户型由于阳台与卧室间使用厚墙，占用了卧室的使用面积，使其不足9平方米，因此，将卧室下墙从中心线下移5厘米，在A7-2户型中刚好埋入平板电视，这样，卧室的使用面积达到了9.09平方米，满足了规范的要求。

厨房采用1.65米×3米的模块，四面墙体一般两薄两厚，使用面积尺寸为1.5米×2.85米，加上门中缝内面积，为4.32平方米，满足了规范中不小于4平方米的要求。橱柜采用"L"形布局，适宜地放入了双眼灶具、双槽洗涤池以及冰箱和洗衣机。

家具标准和配置宽泛

模块户型中采用的都是市售的标准家具，如双人床1.5米×1.95米，床头柜0.45米，衣柜0.6米×0.9米，单人床1.95米，书桌1.2米和1.5米，书柜0.3米深，橱柜0.6米深等，这些尺寸都符合1.5M模数，为模数协调奠定了基础。在家具的配置上：双人卧室中，床、床头柜、衣柜

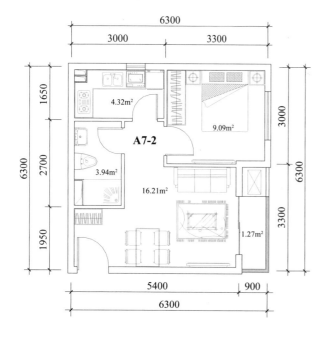

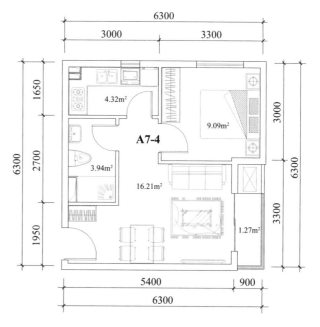

户型编号	A7-2	A7-4
户型类型	一室一厅一卫	一室一厅一卫
套内使用面积（m²/套）	33.56	33.56
套型阳台面积（m²/套）	1.27	1.27

配置齐全；单人卧室中，床、书桌、衣柜合理安放；客厅中，基本为三人沙发，大一些的增加拐角单人沙发；混合餐厅中，配四人餐桌，独立餐厅中，配六人餐桌；门厅中，大都设置衣柜等。

实例4：足套型 A4—3、A4—4

两户型为合体一居，套内使用面积29.62平方米，阳台面积1.01平方米。厨房配置双眼炉灶、双槽洗涤池和洗衣机，门外设置冰箱。卫生间设置0.8米×1.2米的独立淋浴间，避免许多小户型常见的淋浴和坐便混杂的设计。起居区和卧区依次摆放四人餐桌、三人沙发、两组标准衣柜、床头柜、双人床、小书桌。设计一气呵成，衔接紧密，交通通道从大门通达厨卫，转向阳台。家具和空间合理配置，满足了小家庭居住和待客的基本需求。

两户型的差别是：大门开启的方向不同，用于对接不同方向的公共走廊。

对接灵活和互换便利

模块户型对接尺寸：全进深为6.3米、7.8米、9.3米，部分进深为3.75米、2.85米；全开间为4.5米、6米、6.3米、7.5米、7.8米、9.3米、10.5米、10.8米；转角斜向进深为2.85米。公共部分对接尺寸：走廊为1.5米宽；两跑楼梯为2.7米宽，长度为4.8～5.1米；剪刀梯为3米宽，长度为7.5～7.8米；标准电梯为2.1米×2.4米，宽电梯为2.4米×2.4米，窄电梯为1.8米×2.4米；电梯前室为2.1米以上。另外，所有交通核部位以及走廊尽头，都设置了多个公共管井。

这些模块尺寸标准化后，对接灵活，互换也便利，组合成单元和楼座时，不仅样式丰富，结

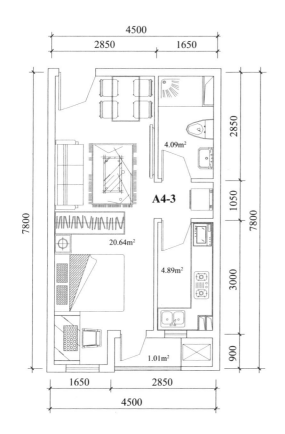

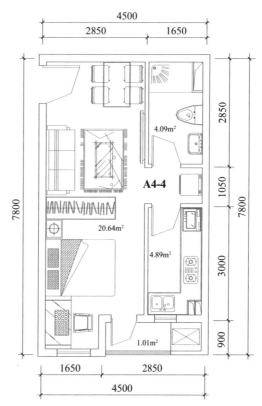

户型编号	A4—3	A4—4
户型类型	一室一卫	一室一卫
套内使用面积（m²/套）	29.62	29.62
套型阳台面积（m²/套）	1.01	1.01

构也非常整齐。

布局规整和功能紧凑

单元平面布局尽量避免日照、通风条件差的套型，避免套型之间的互视，户与户之间的交通影响尽量降到最低等。同时，各套型的外墙和交通核的连接尽量对位，保持结构的整齐，达到组合规范、施工便捷的目的，追求较好的性能成本比。

模块单元各相邻套型的厨房和卫生间尽量对接，以保证管线布局的方便；各相邻套型的卧室尽量对接，以降低噪声的相互干扰；电梯和电梯尽量并排，楼梯和电梯尽量相邻，以保证交通转换的便利；水、气、电等公共管井尽量分布均匀，以保证入户的便捷。

体形减小和公摊压缩

由于模块楼座结构规整，较少折角和开槽，体形系数远远小于同类样式的普通楼座，结果是：保温系数、抗震系数大大提高，结构成本大大降低。

同时，公摊面积中的电梯前室和走廊平直、便捷，电梯和楼梯的尺度规范、合理，有效地提高了使用率，比同类单元和楼座提高3% ~ 5%左右。

实例5：U字楼7

该楼座为通廊式，由两个2梯9户的单元对接，采用拐角外廊连接户型。A4-1和B5户型尺寸规矩，外墙连接对位，结构整齐，组合规范，

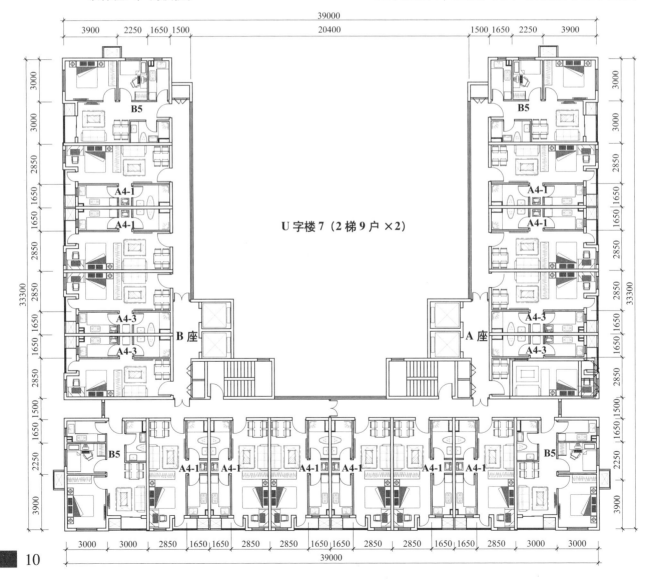

U字楼7（2梯9户×2）

施工便捷。相邻套型的厨房和卫生间对接，保证了管线布局的方便。公共管井设置在楼座边缘和中部，布线均匀。同时，楼座结构规整，体形系数很小，虽然外廊式占用面积稍大，但走廊平直、便捷，公摊面积被有效压缩。

组合标准和样式丰富

模块户型与交通核的对接都达到了一定的标准，如：卧室与电梯分开，注重隔声；电梯门避开户门，注重私密；楼梯间或电梯间直接开窗，注重通风。同时，楼座的组合样式也非常丰富，涵盖了市面上的多种形式，如：通廊式的I字楼、L字楼、U字楼；单元式的板塔楼；塔式的井字楼、风车楼、鹰形楼、蝶形楼、口字楼、斜向楼等。

实例6：对应套型B9-2、B9-3

两户型为二室二厅一卫，套内使用面积为45.03平方米，阳台面积1.2平方米。模块尺寸为7.5米×7.8米，开槽口为标准的1.35米，

B9-2、B9-3户型的右侧进深接口为2.85米，左侧进深接口为7.8米。两个相同户型正向对接时，次卧和厨房外侧形成2.7米开槽，反向对接时，开槽口设置在外侧，可以与相同接口的不同户型互换。

两户型的差异在于：大门位置和窗户方向不同，用以调节与走廊的对接和楼座日照的方向。

模块套型的分类

模块套型按照独立使用和成组使用的方式分成单体模块和组合模块，而单体模块因对接位置分成头套型、腰套型、足套型、尾套型，组合模块按对接形式分成对应套型和转角套型。

单体模块

单体模块分头套型、腰套型、足套型和尾套型。

头套型通常设置在楼座的主要采光、观景面，

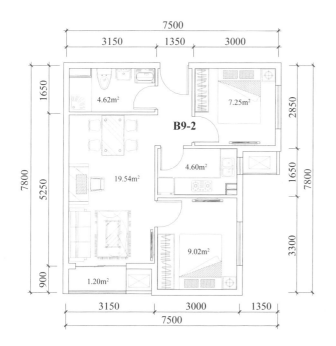

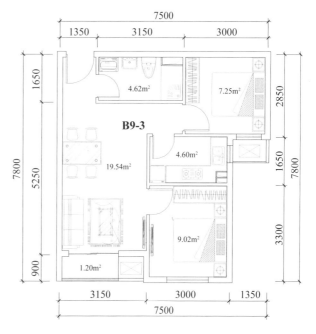

户型编号	B9-2	B9-3
户型类型	二室二厅一卫	二室二厅一卫
套内使用面积（m²/套）	45.03	45.03
套型阳台面积（m²/套）	1.20	1.20

也就是建筑的主要视觉方向，或者正面，一般开间和进深尺寸接近，并且拥有两个采光面。

实例7：头套型 B4-1、B4-3

两户型为二室二厅一卫，套内使用面积为45.82平方米，阳台面积1.27平方米。模块尺寸为6.3米×9.3米，右侧可与7.8米进深的户型对接。

两户型的区别是：B4-1户型大门下移，门厅设置衣柜，B4-3户型大门上移，门外设置公共管井；B4-1户型卧室窗朝南，B4-3户型卧室窗朝西，以满足不同方向的日照需求。

腰套型设计为板楼户型，南北通透，主要用于板塔楼的板楼部分，进深尺寸基本为8.7米，开间随居室多少宽窄不一，比较统一的是，左半部基本相同。

足套型为单面采光，主要用于楼座南部或端部，进深尺寸为6.3米和7.8米，开间随居室多少宽窄不一。

尾套型为三面采光，用于楼座后部或主要视觉方向的反面。日照面为一个半开间，主要是为了节约楼座进深或面宽，充分利用侧面采光，因而户型狭长。

组合模块

组合模块分对应套型和转角套型。

对应套型分相同型和相似型，相同型是同户型对接，相似型是相同外尺寸、不同内格局的模块户型对接。

转角套型分直接型和间接型，直接型是户型外墙有45°角斜墙接口，直接与其他户型对接，间接型是户型无斜墙接口，与其他户型对接时可以自如调节角度。

户型编号	B4-1	B4-3
户型类型	二室二厅一卫	二室二厅一卫
套内使用面积（m²/套）	45.82	45.82
套型阳台面积（m²/套）	1.27	1.27

实例8：转角套型 C14-1、C14-4、C14-5

三户型为二室（半）一厅二卫，套内使用面积为62.66平方米，阳台面积1.27平方米。起居室部分形成45°转角，6.3米的侧墙既可以与同户型对接，形成90°的转角，也可以与其他6.3米进深的模块户型对接，形成45°的转角。户型中部的小书房仅4.39平方米，虽然不够标准居室面积，但使其有了三居室的功能。同时，三角储藏间也非常实用。

三户型的不同在于窗户方向和位置错位：一是同户型相对留出开槽时，窗户错位，避免互视；二是调整日照开窗方向。

单元和楼座组合

交通核的种类与布局

交通核包括楼梯、楼梯间、电梯、电梯前室、窗户、走廊、安全疏散出口、集中管井、防火门、公共露台等。

按照规范，楼梯梯段净宽不应小于1.1米，楼梯踏步宽度不应小于0.26米，踏步高度不应大于0.175米，剪刀梯平台净宽不得小于1.3米。本书使用了两跑梯和剪刀梯，前者轴线宽度为2.7米，净宽为2.5米，轴线长度为4.8～5.1米，后者轴线宽度为3.0米，净宽为2.8米，轴线长度为7.5～7.8米，均符合标准并留有余量。

两跑梯楼梯间平台净宽大于1.2米，剪刀梯楼梯间平台净宽大于1.3米，多数对外直接开窗。

案例中除板塔楼1A为6层以下住宅单元没设电梯外，其余单元或楼座均设置1～4部电梯。标准型电梯井轴线宽度为2.1米，深度为2.4米；宽型电梯井轴线宽度为2.4米，深度为2.4米；窄型电梯井轴线宽度为1.8米，深度为2.4米。配置多部电梯，并结合各地规定适时调整多采用宽窄搭配，满足消防和救护的要求。所有电梯都不紧邻卧室，并且采用电梯门错开户门设置。

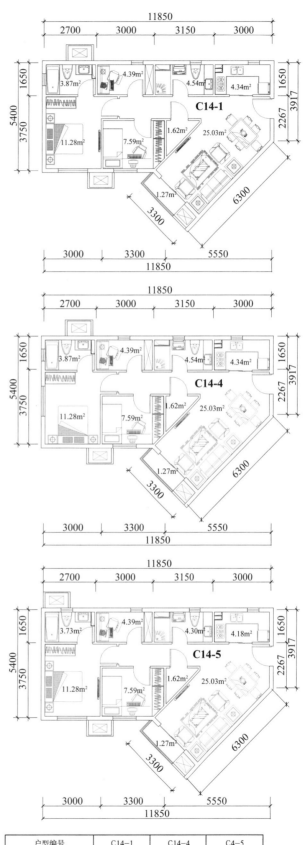

户型编号	C14-1	C14-4	C4-5
户型类型	二室（半）二厅一卫	二室（半）二厅一卫	二室（半）二厅一卫
套内使用面积（m²／套）	62.66	62.66	62.66
套型阳台面积（m²／套）	1.27	1.27	1.27

电梯前室分明室和暗室：前者为独立空间，设有60～150厘米宽的采光窗；后者与走廊共用，通风窗多设在邻近的楼梯间。电梯前室的轴线开间为2.1米以上。

走廊轴线宽度为1.5米，是为了模块对接的标准化，个别区域由于楼梯的位置，有时会在1.5米以上。

以上标准，都高于《住宅设计规范》（GB 50096-2011）的下限。

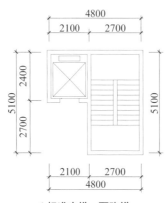

1 标准电梯 + 两跑梯

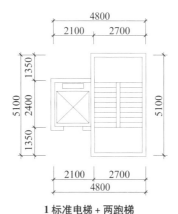

1 标准电梯 + 两跑梯

1 标准电梯 + 两跑梯

单元式的板塔楼中，单元总建筑面积不足350平方米，并且套型户门至安全出口距离均小于10米，因此设置了1个安全疏散出口。通廊式和塔式中，1个安全疏散出口的单元面积均在500平方米以下，套型户门至安全出口距离在10～18层时均小于10米。其余的都设置了2个安全疏散出口。

单元或楼座宜在公共空间内设置集中管井，将各种管线及分户计量设施，如水表、电表、热表等置于井内，方便使用、维护、管理与更替。电井主要用于设置住户强、弱电系统管线，2～4户共用一个。水暖井包括给水、排水、中水、采暖供回水管道，当2～4户共用一个管井时，水、暖管道集中布置，当3～4户共用两个管井时，水、暖管道分开布置。集中管井最小进深为55厘米，净宽按层数和位置进行设计。

电梯前室、楼梯间和走廊等，均设置了防火门。

在井字楼2中，因双楼座连体，总建筑面积超过1200平方米，每层设置了两个公共露台，用于观景和通风，为减少公摊，也可以去掉。

模块单元和楼座的组合

通廊式住宅楼，由公共楼梯、电梯通过内、外廊进入各套住宅。

通廊式按走廊与楼外的联系分内廊式和外廊式，按走廊形式分直通式和拐角式。

I字楼形状呈直线，或横或纵，纵向排列时，多为内廊式，即走廊贯穿南北，户型左右对称排列，为单面采光的足套型，端部户型为两面采光的头套型。I字楼多梯多户，户型偏小，多适用于公租房、青年公寓和酒店式公寓。

L字楼形状呈折线，或上拐或下拐，内廊式和外廊式兼备。外廊式走廊贯穿楼座，通风、采光良好，内廊式处在中部交通核周边，走廊局部通风、采光。L字楼户型组合多样，外立面可平直也可错落，既能单独成楼，也能与板塔楼对接，形成半围合楼座。

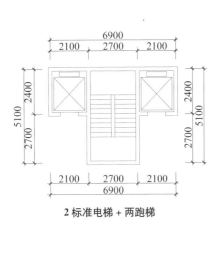

2 标准电梯 + 两跑梯

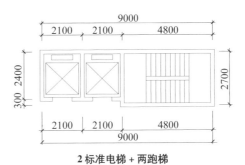

2 标准电梯 + 两跑梯

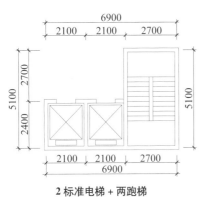

2 标准电梯 + 两跑梯

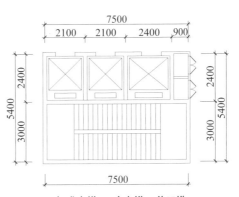
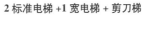

2 标准电梯 +1 宽电梯 + 剪刀梯

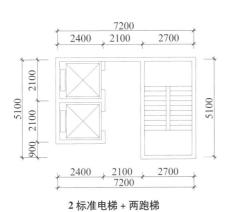

2 标准电梯 + 两跑梯

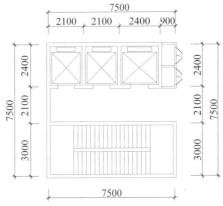

2 标准电梯 +1 宽电梯 + 剪刀梯

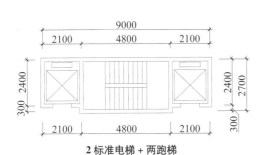

2 标准电梯 + 两跑梯

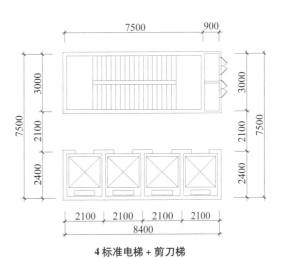

4 标准电梯 + 剪刀梯

实例9：L字楼6

　　该楼座3梯15户，采用两个45°东南拐角内廊贯穿楼座，3部标准电梯和楼梯设在中部，根据新住宅设计规范，也可以改设1部担架电梯或消防梯。楼梯、走廊、端部均开窗，通风、采光良好。右中侧C8-1户型可以将两个卧室的窗户调整到南侧，保证充分的日照。

　　U字楼形状呈半围合，大一些的为双楼座对接，走廊贯通，围合部分通常设计成中央花园，小一些的为独体楼座，北侧设计为大一些的凹槽，解决交通核和部分户型的通风、采光问题。

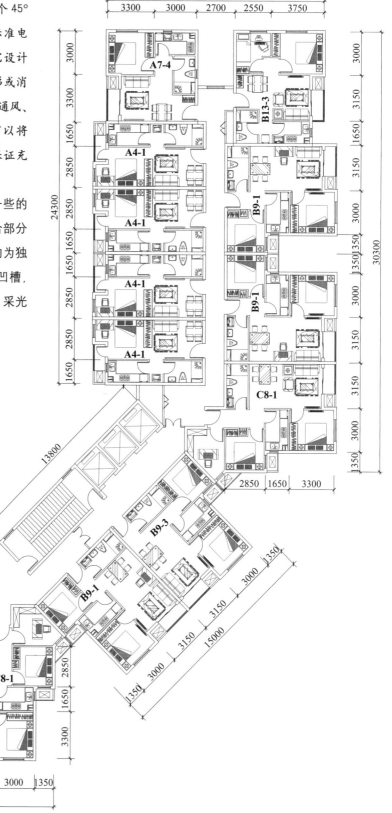

单元式住宅楼是由单个或多个单元组合而成，每个单元均设有楼梯、电梯，多套住宅围绕其布局，分纯板楼和板塔楼，后者由南北或东西通透的腰套型或尾套型和单面采光的足套型组成。

板塔楼是由板楼户型和塔楼户型组合而成，板楼户型为腰套型，南北通透，塔楼户型为足套型，单面采光。组合后兼具板楼的通透和塔楼的挺拔，是目前常用的建筑样式。

实例 10：板塔楼 12

该楼座 2 梯 4 户，2 部标准电梯和楼梯设在中部，为避免电梯与卧室相邻，用全明电梯前室隔开。板楼部分为腰套型 C3，南北通透，采光、通风良好，塔楼部分为对应套型 B9-1，全南朝向，

采光不错，通风不好。

塔式住宅楼以共用楼梯、电梯为核心布置多套住宅。与单元式不同的是，户型中没有南北或东西通透的腰套型，多为头套型、足套型和尾套型。

井字楼和风车楼全明卫设计，早年流行于香港地区，后来进入到广东地区。楼座外立面挺拔，厨卫窗隐藏在开槽内，适宜于高层独体或对称双体楼座。同时，交通核集中在中部，采光、通风窗口多，公摊少。

鹰形楼和蝶形楼相似，都有横向展开的翅膀，不同的是，前者为单翅，并呈 45° 角展开侧面户型，后者为多翅，可以 45° 角，也可以 0° 角展开户型。

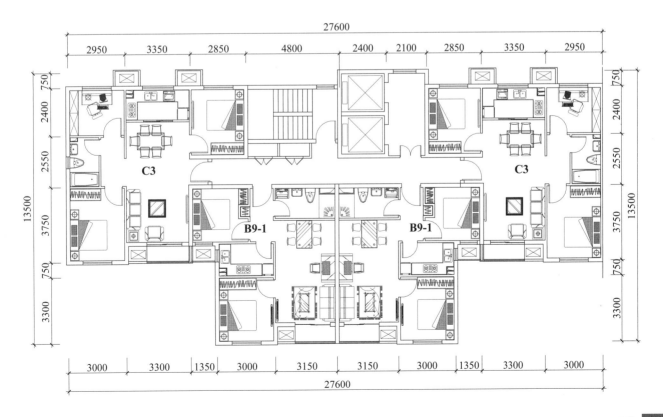

板塔楼 12（2 梯 4 户）

实例 11：蝶形楼 5

该楼座 2 梯 6 户，2 部标准电梯和楼梯设在中部，C12-1 户型朝向正南，C1 户型为 45° 角朝向东南和西南，B7 户型则为 45° 角三面采光。该楼座最大的优势是采光面宽，户型通透，同时建筑造型挺拔。由于 C12-1 户型大门一侧凹口设计为标准电梯位置，两个户型对接后，两部标准电梯满足了 6 户的需要。

斜向楼是 45° 角展开户型，展开面比鹰形、蝶形楼窄，不在其最南侧或正面设置正向户型。

口字楼形状比较方正，户型将交通核包住，多为独体，适用于头套型和足套型。

实例 12：口字楼 6

该楼座 3 梯 11 户，以 A4 和 B4 户型为主的组合，使楼座为矩形。3 部标准电梯和剪刀梯位于中部，北侧留有开槽，解决了个别户型和走廊的通风、采

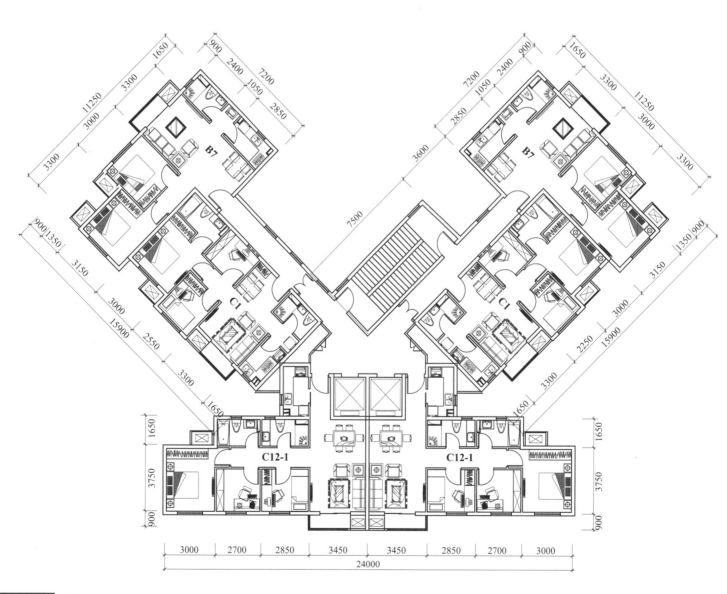

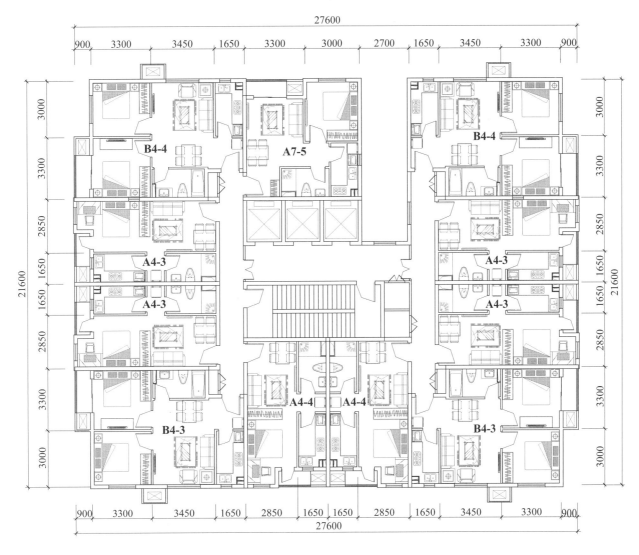

口字楼 6（3 梯 11 户）

光问题。尤其是结构平整、简洁，如剪刀梯上墙与楼座中间结构横向对齐，电梯上墙与 B4—4 户型下墙横向对齐以及电梯左墙和开槽的右墙纵向对齐，都使得整个楼座结构非常规矩，同时楼梯、电梯前室、电梯进深等，都恰到好处地为标准的尺度。

结束语

在模数协调的理念驱使下，笔者为计算方便，采用了中心线定位法，形成了两个方向上的模数网格化，并且首次提出 1.5M 模数的设计思路，

目的是既精细尺度，又减少扩大模数值，最终为实现产业化创造条件。尽管主体结构部件的厚度尺寸不一，和非主体结构部件的连接与安装不一定能同时满足基准面定位的要求，但这些是可以通过调节非主体结构部件的尺寸来解决的。

本书由于篇幅所限，在套型、单元和楼座的款式上都有所保留，并且仅设计了尺寸相对精巧的户型，读者可以沿着思路设计和组合出更多的样式，满足不同的需求。

总而言之，住宅产业化任重道远，抛砖引玉是为了筑巢引凤。

单体模块篇

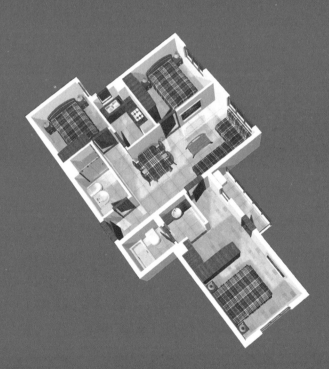

空间的模块

篇前语

模块户型通过模块居室进行组合，而模块居室的设计是依据家具、厨具、洁具的尺度和摆放习惯，并遵照人体工程学的要求而进行的。小尺度的设计难度要大于大尺度，以规范的最低限度布置各种器具更是容易捉襟见肘，因此将其作为模块户型的基准，更易于适应尺度宽泛的户型。

卧室的模块

双人卧室的三件套为：1.5米宽的双人床；0.45米宽的床头柜；两组0.6米深、0.9米宽的衣柜。所以，3米开间、3.3米进深能恰到好处地陈设下这些家具，而9.02平方米的使用面积，达到了住宅设计规范的最低限。

单人卧室的三件套为：2米长的单人床，1.2米宽的小书桌，0.6米深、0.9米宽的衣柜。同样，2.85米开间、2.25米进深能恰到好处地陈设下这些家具，而5.7平方米的使用面积，也接近了住宅设计规范的最低限。

起居的模块

小套型的起居室，通常将客厅与餐厅合一，一般来说，开间和进深的比例最好在1：1.5～

1：1.75。所以，当开间为3米时，进深大致在4.5～5.25米之间，而进深4.5米时，使用面积为12平方米多，达到了规范的最低限。这样的尺度，可以放置三人沙发和四人餐桌，也算是恰到好处。

厨卫的模块

厨房开间1.65米，净空间为住宅设计规范最低限的1.5米，在进深3米时，使用面积为4.32平方米，也满足了住宅设计规范的标准，而这个尺度，可以设置标准的"L"形橱柜，放置冰箱、双炉灶、双洗涤槽。

卫生间开间也是1.65米，在进深2.7米时，可以从容地放下洁具三件套，包括0.8米×1.2米的独立淋浴间，如果增加洗衣机，进深则要加大0.3米，面积会超过4平方米。

阳台的模块

阳台都采用0.9米的进深，因其主要功能是晾晒和观景，而宽度则随着套内的居室开间而定，好处是结构规矩，面积紧凑。同时，空调大都放置在阳台上端，尽量避免凸出在建筑立面。

头套型

头套型是指用在楼座或住宅单元端部的一类户型，通常用在日照、观景优良的位置，包括楼座的主要方位。头套型有两个方向可对接模块户型。

采光丰富

头套型在设计时尽量保持面宽和进深接近或者一样，主要是为充分利用两面采光优势，使光线在套内分布均匀，避免更多灰色空间。同时，根据所处单元或楼座的位置，调节窗户的朝向，在同户型中设计出多种朝向样式，寻求日照。如A7户型，采用相同的面宽和进深保证两面采光的均匀，而A7-3、A7-4户型，则是为了适应不同的朝向，改变了卧室窗户的朝向。

尺寸接近

为使头套型在楼座端部灵活偏转，一些设计采用完全对称的布局或者相同的面宽和进深尺寸，即使楼座偏转时，也能得到对称的外立面和相同的对接尺寸。如A3户型，面宽和进深尺寸相同，并且配置两个对称的阳台，当楼座偏转45°时，可以获得对称的外立面。另一些户型采用接近的面宽和进深尺寸，以适应内部空间的不同分割样式。如B5、B6户型和B8、A7户型，在外框尺寸和窗户、阳台不变的情况下，改变内部分割，可以获得不同的空间布局。

预留管井

头套型处于单元或楼座的端部，应考虑预留管线井或电梯井，便于组织公共管线和公共交通。如B4-3、B4-4户型，大门外侧预留了管线井的位置，而B4-2户型则预留出半个电梯的位置，以便相同套型对接时，安放进1部标准电梯。

头套型 1

A3-1／A3-2 户型

头套型

适用范围：适用于楼座正面或者角部：东南、西南、南侧，为两面采光。

户型分析：一室二厅一卫的 A3-1 户型，套内使用面积 35.29 平方米，阳台面积 2.49 平方米，采用侧入门。一室二厅一卫的 A3-2 户型，套内建筑面积 35.86 平方米，阳台面积 2.49 平方米，采用上入门，大门外右侧有 1.05 米的缺口，两个同户型对接时，可以卡入 1 部标准电梯。该户型总面宽 7.35 米，总进深 7.35 米，空间通透明亮。由于采用双阳台和同样尺度的面宽和进深，倾斜 45° 角时可以形成对称布局。客厅阳台面积从推拉门中缝开始算，厨房阳台面积从平开门中缝开始算，所以有一点面积差异，但模块尺度是一样的。

功能布局：户型各空间均为标准模块，只是大门外侧设计成结构折角，目的是对接来自右上方和右方的走廊。

两户型厨房由于增设阳台门，橱柜只能采用"一"字布局，操作动线稍短。借助门厅放置衣柜和冰箱，方便使用并提高利用率。卫生间布局不同于标准模块，主要是楼中同位置上下层不同户型交叉使用时，便于竖向管井连接。

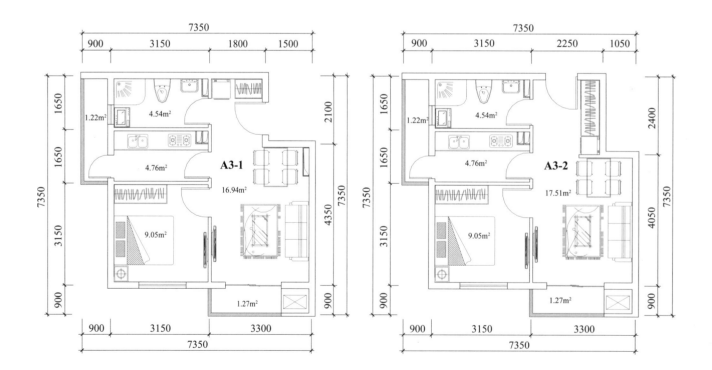

户型编号	A3-1	A3-2
户型类型	一室二厅一卫	一室二厅一卫
套内使用面积（m²/套）	35.29	35.86
套型阳台面积（m²/套）	2.49	2.49

头套型 1
A3-1/A3-2 户型

头套型

A3-1

● 大门外缺口便于连接来自右上方和右方的走廊。

● 借助门厅放置衣柜和冰箱，方便使用并提高利用率。

● 厨房由于增设阳台门，只能采用"一"字布局。

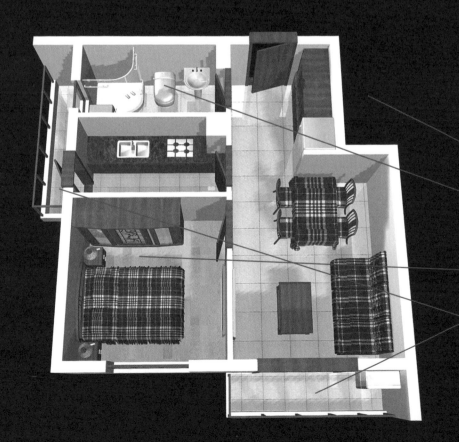

A3-2

● 右侧 1.05 米的缺口，同户型对接时，可以卡入 1 部标准电梯。

● 卫生间布局不同于标准模块，主要是楼中同位置上下层不同户型交叉使用时，便于竖向管井连接。

● 卧室 3.15 米 ×3.15 米，目的是倾斜 45° 角后外墙尺度对称。

● 双阳台设置也是为了倾斜 45° 角后外立面对称。

头套型 2

B4-2/B4-4 户型

头套型

适用范围：适用于楼座正面或者角部：东南、西南、东北、西北侧，为两面采光。

户型分析：二室二厅一卫的B4-2户型，套内使用面积46.39平方米，右上角1.05米×2.4米的折角，相同户型对接后，恰好放入1部标准电梯。二室二厅一卫的B4-4户型，套内使用面积45.82平方米，大门外设置了公共管井。两户型总面宽6.3米，总进深9.3米，两户型阳台面积1.27平方米，空间通透明亮。

功能布局：大门外侧设计成结构折角，目的是对接来自右上方或右方的走廊。

两户型采用1.65米×3米的标准厨房，洗衣机设置在厨房内。

B4-2户型门厅放置衣柜和冰箱，充分借用门厅。稍有不足的是餐厅直接对着大门，但好处是消化了交通通道占用的空间。

B4-4户型大门开启后虽然部分对着冰箱，但大门外右下侧可以设置公共管井，并可对接7.8米的标准模块套型。

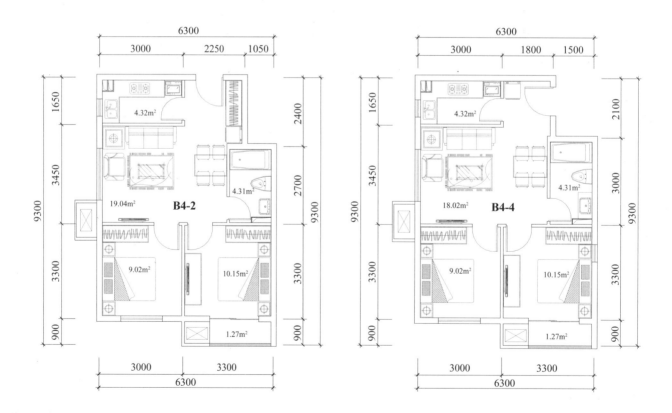

户型编号	B4-2	B4-4
户型类型	二室二厅一卫	二室二厅一卫
套内使用面积（m²/套）	46.39	45.82
套型阳台面积（m²/套）	1.27	1.27

头套型 2

B4-2／B4-4 户型

头套型

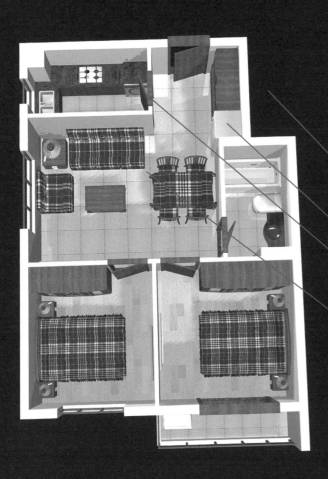

B4-2

● 门厅外侧的凹角，同户型对接时，正好设置1部标准电梯。

● 门厅内巧妙地放置了衣柜和冰箱。

● 采用1.65米×3米的标准厨房模块，洗衣机可以设置在厨房内。

● 稍有迂回的交通分出了餐厅和客厅。

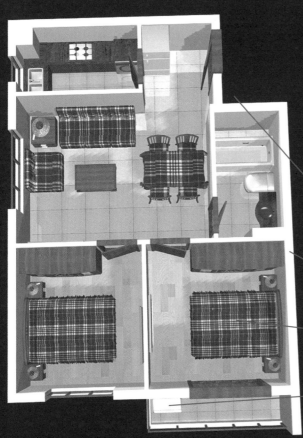

B4-4

● 门外右下侧可以设置公共管井。

● 右侧对接7.8米的标准模块套型。

● 同样进深的两个卧室紧凑地放下了卧室三件套。

● 阳台内放置两个卧室的空调室外机。

头套型 3

A7-1/A7-3 户型

头套型

适用范围：适用于楼座正面或者角部：东南、西南、东北、西北侧，为两面采光。

户型分析：一室一厅一卫的 A7-1、A7-3 户型，套内使用面积为 33.56 和 33.52 平方米，阳台 1.27 平方米，前者大门设置在左下侧，后者大门设置在左中侧。户型在 6.3 米 ×6.3 米中划分格局，适合楼座端头横竖组合。

功能布局：厨房采用 3 米模块，将洗衣机纳入。卫生间采用 2.7 米模块，宽面两侧都用 10 厘米的隔墙，比标准模块尺寸净宽要大 5 厘米。

A7-1 户型大门开在左下侧，对接来自下左方的走廊。

A7-3 户型大门开在左中侧，对接来自左方的走廊。

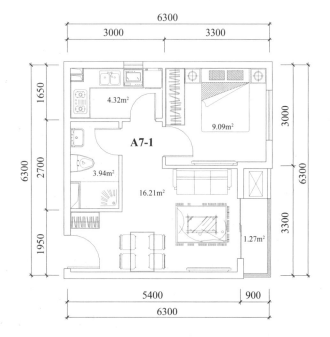

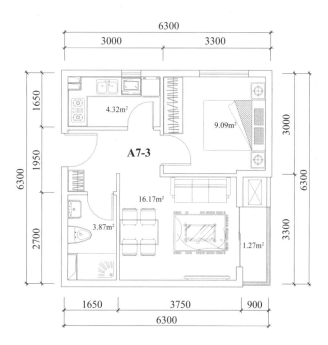

户型编号	A7-1	A7-3
户型类型	一室一厅一卫	一室一厅一卫
套内使用面积（m²/套）	33.56	33.52
套型阳台面积（m²/套）	1.27	1.27

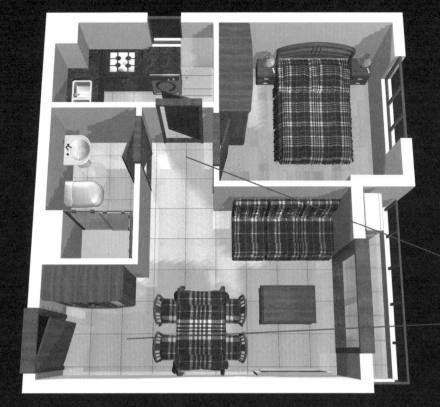

A7-1

● 厨房、卫生间和卧室共用入门
转换面积，空间利用率很高。

● 餐厅借用门厅的面积。

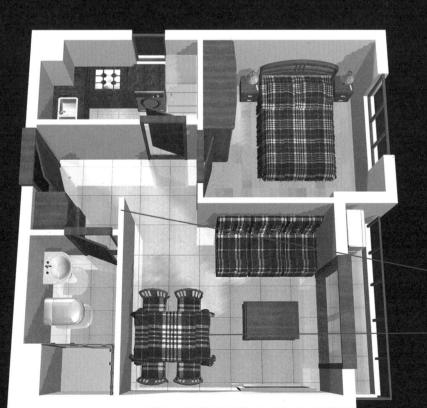

A7-3

● 卫生间右墙上延，是为了与客
厅上墙形成垭口。

● 餐厅两面夹角墙，很稳定。

头套型 4

B8-1/B8-2 户型

头套型

适用范围：适用于楼座正面或者角部：东南、西南、东北、西北侧，为三面采光。

户型分析：二室一厅一卫的 B8-1 户型和 B8-2 户型，套内使用面积 36.02 平方米，无阳台。两个户型的区别是主卧窗户的开启方向，用于满足不同方向的日照。两户型为 6.3 米 ×6.3 米的模块，是在 A7 户型的基础上，去掉阳台，增加了次卧室。

功能布局：户型大部分空间均为标准模块，次卧室开间 2.25 米，恰到好处地放置单人床，起居室部分最大限度地利用了交通通道。缺憾是，出入主卧和厨卫要穿过客厅，有动静交叉干扰。

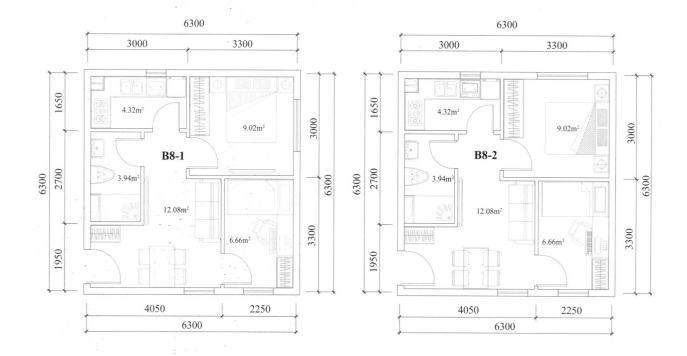

户型编号	B8-1	B8-2
户型类型	二室二厅一卫	二室一厅一卫
套内使用面积（m²/套）	36.02	36.02
套型阳台面积（m²/套）	0	0

头套型 4

B8-1/B8-2 户型

B8-1

● 次卧室开间 2.25 米，恰到好处地放置单人床。

● 起居室部分最大限度地利用了交通通道。

B8-2

● 由于格局方正，主卧室中调整床的方向影响不大。

● 出入主卧和厨卫要穿过客厅，有动静交叉干扰。

头套型 5

B5/B6 户型

头套型

适用范围：适用于楼座正面或者角部：东南、西南、东北、西北侧，为两面采光。

户型分析：二室二厅一卫的 B5 户型，套内使用面积 40.30 平方米。二室二厅一卫的 B6 户型，套内使用面积 40.97 平方米。两户型均采用 6 米 ×7.8 米的模块，除厨房、卫生间、门厅和阳台不动外，起居室和两个卧室采用不同

的分割组合。

功能布局：B5 户型起居室位于左侧，与门厅直接贯通，而两个卧室位于右侧。B6 户型两个卧室均朝南，起居室位于中部。略有不足的是 B6 户型次卧与客厅有动静干扰。卫生间采用 3 米模块、便于放置洗衣机，而洗手台侧向设置是为了增加操作台面和镜子长度。

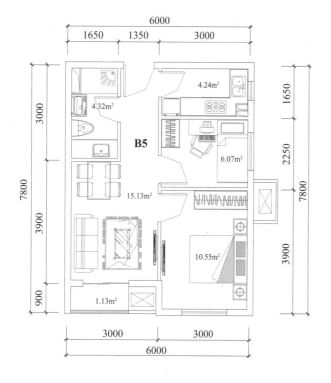

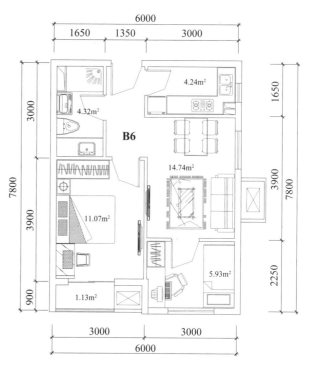

户型编号	B5	B6
户型类型	二室二厅一卫	二室二厅一卫
套内使用面积（m²/套）	40.30	40.97
套型阳台面积（m²/套）	1.13	1.13

头套型 5

B5／B6 户型

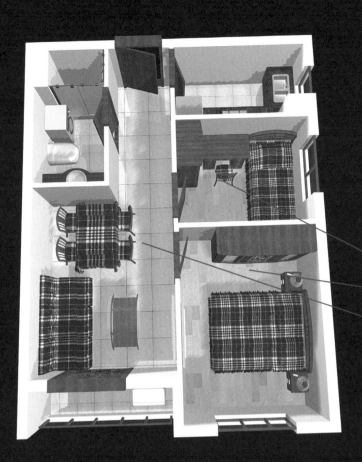

B5

● 两个卧室相邻，与起居部分动静分离。

● 起居室与门厅直接贯通，比较通透。

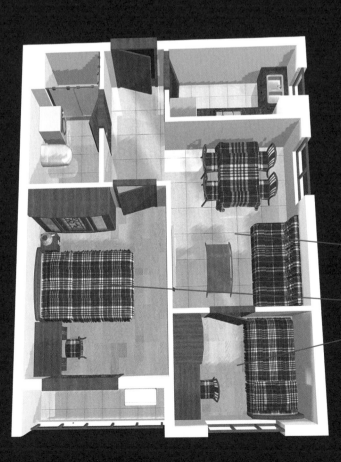

B6

● 起居室位于中部，次卧与客厅有动静干扰。

● 两个卧室均朝南，阳光充沛。

头套型6

C7户型

适用范围：适用于楼座角部：东南、西南、东北、西北侧，为两面采光。

户型分析：三室二厅二卫的C7户型，套内使用面积68.71平方米，阳台面积1.22平方米。该户型是由两居室的B9户型和一居室A3户型的一半对接而成，目的是在同样结构的楼座中，在不同层分出2+1+2户型，或者3+3户型。

功能布局：C7户型大门在中部，适应右侧对接模块户型。

为了增加客厅的进深，将原有的B9户型阳台去掉，保持外墙结构的平整，而阳台则利用原有的A3户型的厨房阳台。主卧由于进深较大，增加了步入式衣帽间，同时将原有的A3户型厨房和卫生间的风道管道在同位置延伸到C7户型的卫生间中部和衣帽间右上角。小次卧的使用面积为7.60平方米，按单人卧室计算。

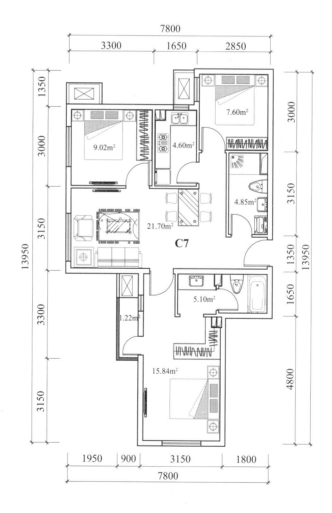

户型编号	C7
户型类型	三室二厅二卫
套内使用面积（m²/套）	68.71
套型阳台面积（m²/套）	1.22

头套型6
C7 户型

头套型

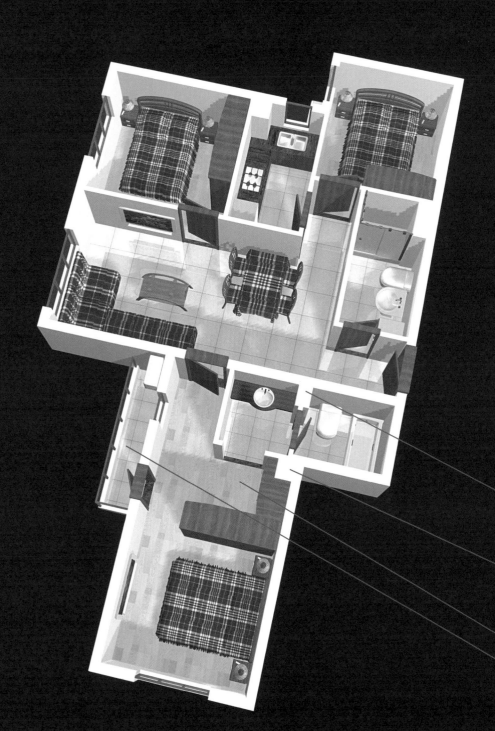

C7

● 其他层 A3 户型卫生间的风道
  管道在同位置延伸到 C7 户型
  的主卫中部。

● 其他层 A3 户型厨房的风道管
  道在同位置延伸到 C7 户主卧
  衣帽间的右上角。

● 主卧增加了步入式衣帽间。

● 阳台利用其他层 A3 户型的厨
  房阳台。

腰套型

腰套型是指适合楼座或住宅单元中部使用的一类户型，并且多数错落设置，形成板塔楼结构。

空间规范

腰套型是板塔楼中板楼部分所使用的户型，由于进深固定，各居室空间尺度接近或相同，格局规范。如B14、C4户型和C3、B12户型，卧室、卫生间、书房、起居室、阳台和厨房完全相同，只是C4和B12户型增加了次卧。

通风良好

腰套型南北或东西完全对流，因此通风良好。如B14、C4、C3、B12、C2户型，进深控制到8.7米，采用门门相对、窗窗相对，对流充分。如A1、B10、B11户型，进深控制到9.6米，虽然采用半边对流，通风效果也很不错。

腰套型 1

A1-1／A1-2 户型

腰套型

适用范围：适用于楼座中部，南北、东西、东南和西北、西南和东北通透，为两面采光。

户型分析：合体一居的 A1-1、A1-2 户型，套内使用面积 26.13 平方米，阳台面积 1.35 平方米。该户型南北通透，厨房和卫生间直接采光，并形成了纵向通风通道。A1-2 户型增加了餐厅采光窗，用于边户型。

功能布局：为板塔楼的板楼部分，大门右下侧 1.2 米 ×6.3 米的结构折角可以对接其他模块户型。

A1-1 户型和 A1-2 户型分为卧区、客区和餐区，各空间分隔明确，双人床、大衣柜、三人沙发和四人餐桌依次摆放，衔接紧密，无浪费面积，使得空间小巧而实用。

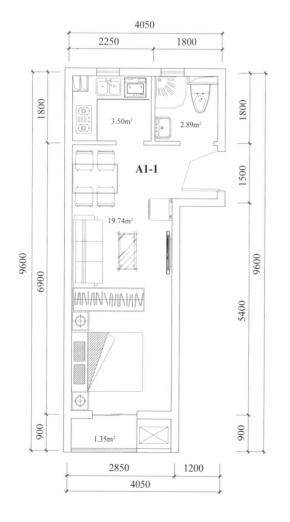

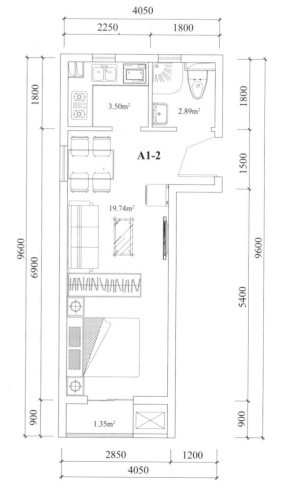

户型编号	A1-1	A1-2
户型类型	一室一卫	一室一卫
套内使用面积（m²/套）	26.13	26.13
套型阳台面积（m²/套）	1.35	1.35

腰套型 1

A1-1／A1-2 户型

腰套型

A1-1

● 客区放置三人沙发，满
足三口之家的需要。

● 卧区三件套齐备。

A1-2

● 厨房、卫生间恰到好处
地放置了推拉门。

● 四人餐桌使得餐区舒
适、大方。

● 窗户的增加，使得通风、
采光良好。

腰套型 2

B14／C4 户型

腰套型

适用范围：适用于楼座中部，南北、东西、东南和西北、西南和东北通透，为两面采光。

户型分析：二室二厅一卫的 B14 户型，套内使用面积 49.67 平方米，两个阳台面积共 2.28 平方米。三室二厅一卫的 C4 户型，套内使用面积 60.37 平方米，两个阳台面积共 2.28 平方米。两户型均为板楼户型，差别在于 B14 户型比 C4 户型少了个次卧。两户型总进深为 8.7 米，南北通透，各空间格局方正，采光、通风良好，北侧餐厅增设了服务阳台，提高了整体的舒适度。

功能布局：户型适用于板塔楼的板楼部分，大门下侧设计成结构折角，可以对接来自右下侧的模块户型。卫生间采用带浴缸的 2.55 米模块，虽然紧凑，但保证了一定的舒适度。主卧进深 3.75 米，既相对宽裕地放置三件套，又保证了客厅拥有 2.85 米的平行墙面。6.34 平方米的书房设计紧凑，改成儿童房也很适宜。厨房为 3.45 米的模块，"L"形橱柜，在下侧采用"S"形布局，里侧为冰箱，外侧为门厅衣柜。当然，也可以设计成 2.85 米的模块，取直墙面，外侧为一排 0.6 米厚的衣柜。

B14 户型总面宽 7.2 米，右下侧结构折角为 0.9 米 ×3.75 米。

C4 户型总面宽 10.05 米，是在 B14 户型的基础上增加了次卧，右下侧结构折角为 2.25 米 ×3.75 米。

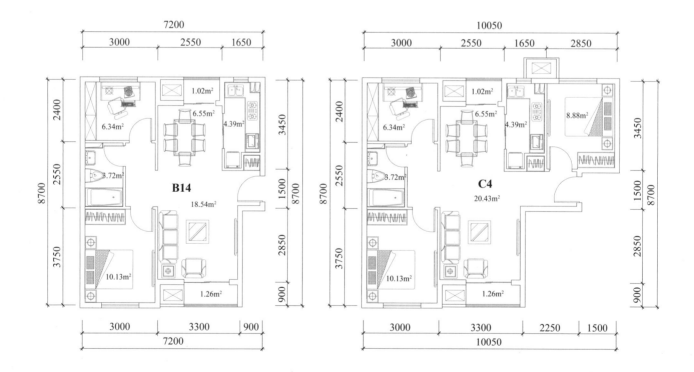

户型编号	B14	C4
户型类型	二室二厅一卫	三室二厅一卫
套内使用面积（m²/套）	49.67	60.44
套型阳台面积（m²/套）	2.28	2.28

腰套型 2
B14/C4 户型

腰套型

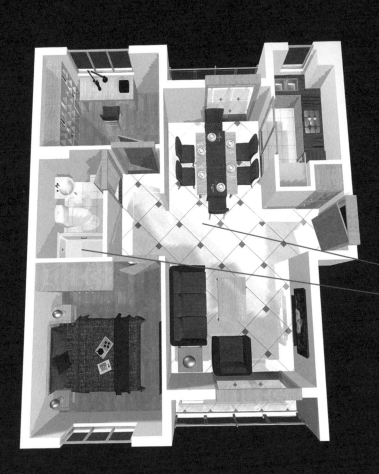

B14

● 户型南北通透，采光良好。

● 卫生间采用带浴缸的最小模
　块，保证了一定的舒适度。

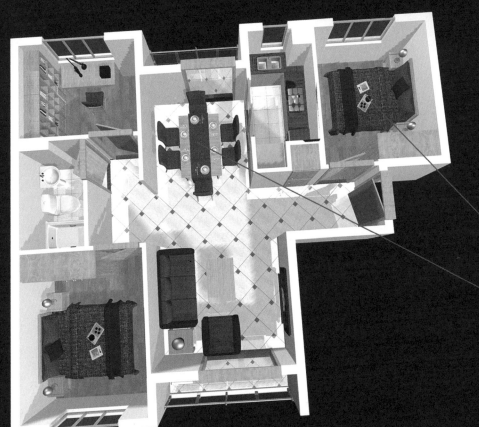

C4

● 次卧虽然为 8.82 平方米的
　单人卧室，但仍可放置双人
　卧室三件套。

● 餐厅采用明窗，外侧设置服
　务阳台。

腰套型 3

B12/C3 户型

腰套型

适用范围：适用于楼座中部，南北、东西、东南和西北、西南和东北通透，为两面采光。

户型分析：三室二厅一卫的C3户型，套内使用面积58.03平方米，阳台面积1.26平方米。该户型南北通透，厨房和餐厅共用采光面，保证了起居部分的整齐，同时也使餐厅有效地借用中部交通空间。二室二厅一卫的B12户型，套内使用面积49.53平方米，阳台面积1.26平方米，该户型是C3户型去掉了次卧的版本。

功能布局：两户型为板塔楼的板楼部分，大门下侧0.9米宽、3.75米深的结构折角，可以对接来自右侧和右下侧的模块户型。

B12户型总面宽6.3米，格局方正，门厅凸出0.9米的设计，主要是为了形成过渡空间，对接时，根据需要也可以去掉门厅，取直上下外墙。

C3户型在B12户型的基础上增加了次卧，上端总面宽9.15米，分出模块书房、餐厨和次卧，下端与B12相同。起居部分格局规整，同时厨房也明亮通透。缺憾是缺少门厅衣柜。

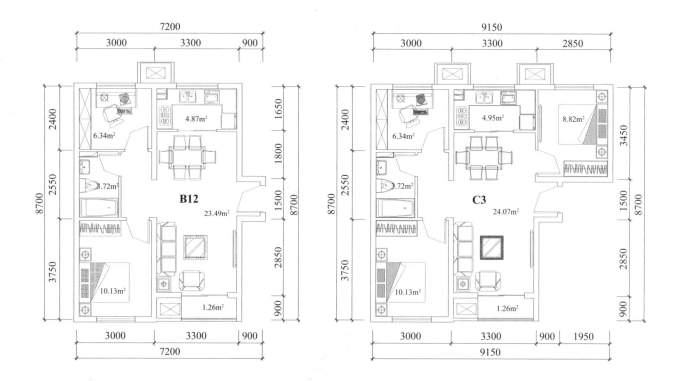

户型编号	B12	C3
户型类型	二室二厅一卫	三室二厅一卫
套内使用面积（m²/套）	48.53	58.03
套型阳台面积（m²/套）	1.26	1.26

腰套型 3
B12/C3 户型

腰套型

B12
- 门厅凸出 0.9 米的设计，主要是为了形成过渡空间，根据需要也可以去掉。

C3
- 厨房明亮通透。
- 门厅缺憾是缺少衣柜。
- 起居部分由于上下墙面对齐，所以格局规整。

腰套型 4

B10-1/B10-2 户型

腰套型

　　适用范围：适用于楼座中部，南北、东西、东南和西北、西南和东北通透，为两面采光。

　　户型分析：二室二厅二卫的 B10-1 户型，套内使用面积 52.88 平方米，阳台面积 1.26 平方米。二室二厅二卫的 B10-2 户型，套内使用面积 52.88 平方米，阳台面积 1.16 平方米。两户型设计紧凑，南北通透，采光、通风良好，几乎无灰色空间。主卧和客厅反方向设置，适用于兼顾相反方向的日照和景观，如东西向、斜向的楼座。

　　功能布局：两户型适用于板塔楼，大门下侧无结构折角，可以灵活对接来自下侧的模块户型。

　　B10-1 户型总面宽 9.6 米，B10-2 户型总面宽 10.5 米，区别是阳台设置的方向，其他空间完全相同。次卫采用 3 米模块，纳入了洗衣机。主卫和厨房均采用 2.85 米模块，由于主卫窄边均为 10 厘米隔墙，净宽会有 5 厘米的偏差。

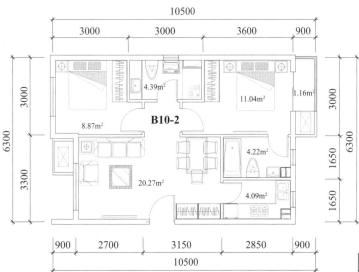

户型编号	B10-1	B10-2
户型类型	二室二厅二卫	二室二厅二卫
套内使用面积（m²/套）	52.88	52.88
套型阳台面积（m²/套）	1.26	1.16

腰套型 4

B10-1／B10-2 户型

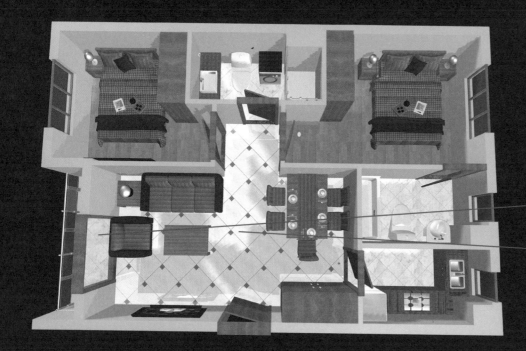

B10-1

● 阳台凹进设计，节约了户型进深。

● 大门至卧室的通道，自然地分隔出餐厅和客厅。

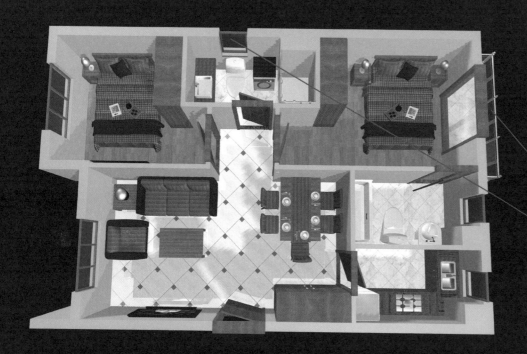

B10-2

● 阳台凸出设计，增加了观景视角。

● 次卫明窗设计，增加了户内通风、采光通道。

腰套型 5

B11／C2 户型

腰套型

适用范围：适用于楼座中部，南北、东西、东南和西北、西南和东北通透，为两面采光。

户型分析：二室二厅一卫的 B11 户型，套内使用面积 45.40 平方米，阳台面积 1.24 平方米。三室二厅二卫的 C2 户型，套内使用面积 65.85 平方米，两阳台面积 2.28 平方米。两户型的主卧、主卫和书房部分相同，差别在于 B11 户型为北向客厅，C2 户型为南北通透的双厅，同时增加了次卧和次卫。两户型总进深为 8.7 米，各空间采光、通风良好，C2 户型北侧增设服务阳台，提高了整体的舒适度。

功能布局：两户型适用于板塔楼的板楼部分，大门右下侧的 4.8 米 ×3.75 米和 2.55 米 × 3.75 米的结构折角，可以对接来自右下侧的模块户型。

C2 户型总面宽 11.7 米，实际上是在 B14 户型的基础上，增加次卫和次卧。结构折角进深为 3.75 米，面宽为 2.55 米。次卫设计成干湿分离，目的是进入次卧时减少门厅的面积。主卫采用带浴缸的模块，保证了一定的舒适度。

B11 户型总面宽 7.8 米，起居室北向是为了节约南向采光面。结构折角进深为 3.75 米，面宽为 4.8 米。餐厅左侧的短墙既遮挡了卫生间，又保持餐厅的稳定。

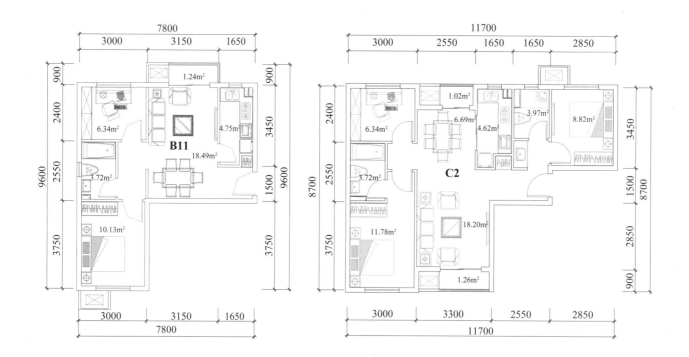

户型编号	B11	C2
户型类型	二室二厅一卫	三室二厅二卫
套内使用面积（m²/套）	45.40	65.85
套型阳台面积（m²/套）	1.24	2.28

腰套型 5
B11／C2 户型

腰套型

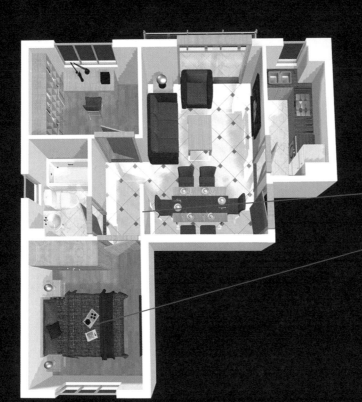

B11

● 餐厅左侧短墙既遮挡卫生间又保持其私密性。

● 主卧进深 3.75 米，相对宽裕地放置三件套。

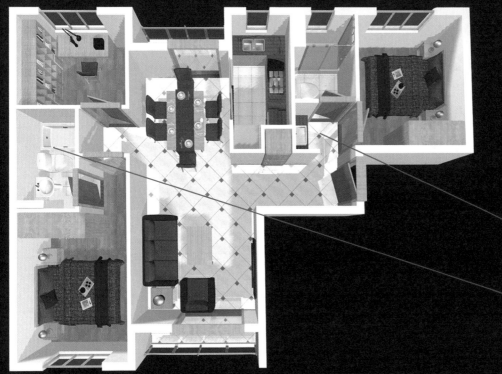

C2

● 次卫设计成干湿分离，目的是侧向进入次卧时减少门厅的面积。

● 主卫采用带浴缸的模块，保证了一定的舒适度。

足套型

足套型是指设置在楼座或住宅单元一侧的一类户型，通常为单面采光。足套型左右都可对接模块户型。

光线明亮

足套型单面采光，多采用长面宽、短进深的格局，设置为 6.3 米或 7.8 米的进深，以保证对接后不至于进深过大，造成灰色空间过多。这类户型格局方正，动静分离明确，空间利用率较高。如 A4 户型，虽然设置为合体一居，但容纳下了四人餐桌、三人沙发、两组衣柜、床头柜、标准双人床和电脑桌，动线连贯，分区明确。而卫生间和厨房的纵向排列，管线布局方便。尤其是电脑桌旁的窗户、阳台门，厨房的窄窗，使之获得了充足的光线。特别是 A4-2 户型，在电脑桌前

增加了侧向窗户，不仅多了一个采光面，也使得通风更为顺畅。

通风不好

由于单面采光，除了设置在边部两面采光的改型户型外，其余户型通风较差。如 B13 户型，在两个半开间中布局；B13-1、B13-2、B13-4 户型的次卧处于暗空间中，只能按储藏间算，由于采用走廊高窗通风，使居室的舒适度有所提高；而 B13-3、B13-5 户型设置在边部，获得了两面采光，次卧变成了明室，通风也变得十分顺畅。如 C1 户型，是在 B13 的基础上增加了主卫和次卧，虽然书房仍采用走廊高窗通风，但 53 平方米的使用面积，却得到了相当于三居室的空间。

足套型 1

A4-1／A4-2 户型

足套型

适用范围：适用于楼座一侧，为单面采光。

户型分析：合体一居的 A4-1、A4-2 户型套内使用面积均为 29.62 平方米，阳台面积 1.01 平方米。不同的是，A4-2 户型书桌前增加了窗户，目的是在朝向北侧时，可以满足东向或西向的日照。

功能布局：户型单面采光，大开间居室纵向展开，进深 7.8 米，为标准模块接口。厨房和卫生间纵向直列，便于管线布局，同时门门相对，之间的交通转换空间恰到好处地放置下冰箱。卧区的小拐角，适宜地放置下书桌，形成了精致的学习区。四人餐桌和三人沙发，保证了舒适度。

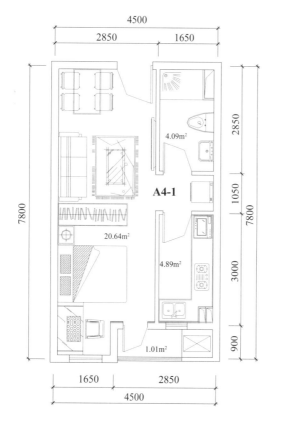

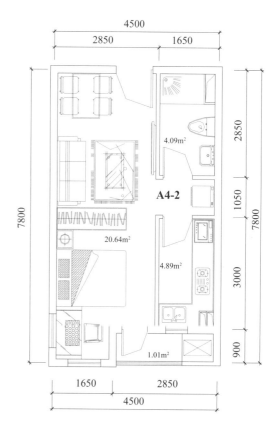

户型编号	A4-1	A4-2
户型类型	一室一卫	一室一卫
套内使用面积（m²/套）	29.62	29.62
套型阳台面积（m²/套）	1.01	1.01

足套型 1

A4−1／A4−2 户型

足套型

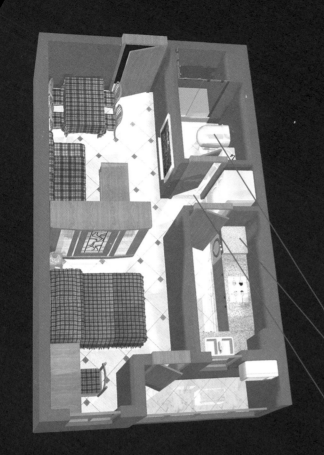

A4−1

厨房和卫生间纵向直列，便于管线布局。

门门相对，之间的交通转换空间恰到好处地放置下了冰箱。

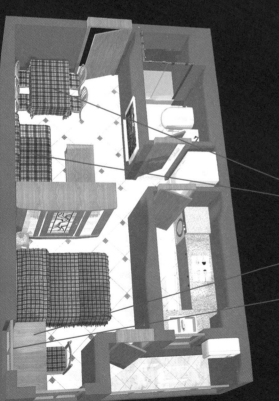

A4−2

四人餐桌和三人沙发，保证了舒适度。

卧区的小拐角，适宜地放置下书桌，形成精致的学习区。

增加另一方向的小窗户，保证了侧向日照、观景。

足套型 2

B13-1/B13-3 户型

足套型

适用范围：适用于楼座一侧，通常为南、东、西侧，为单面采光。

户型分析：B13-3户型，套内使用面积40.74平方米，阳台面积1.22平方米，由于次卧窗户直接采光，变成了二室二厅一卫，而B13-1户型次卧采用走廊高窗通风，只能算作一室二厅一卫。两户型的另一区别是，主卧开窗方向不同，用以调节日照方向。

功能布局：户型单面采光，居室横向展开，进深仅6.3米，非常明亮。厨房和卫生间虽然横竖错位，但门门相对，之间的交通转换空间恰到好处地放置下冰箱，以弥补厨房空间的不足。B13-1户型次卧为黑空间，虽然算作储藏室，但通过通向走廊的高窗通风，提高了空间的通风指数，保证了一定的实用性，达到了两居室的使用功能。

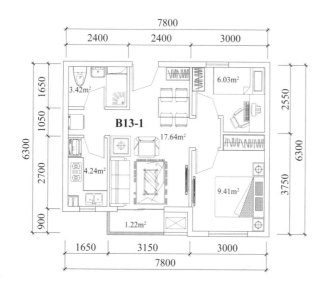

户型编号	B13-1	B13-3
户型类型	一室二厅一卫	二室二厅一卫
套内使用面积（m²/套）	40.74	40.74
套型阳台面积（m²/套）	1.22	1.22

足套型 2

B13-1／B13-3 户型

B13-1

● 次卧高窗通向走廊，保证
  一定的通风。

● 衣柜摆放于大门侧面，借
  用餐厅。

足套型 3

C1 户型

足套型

适用范围：适用于楼座一侧，通常为南、东、西侧，为单面采光。

户型分析：二室二厅二卫的 C1 户型，套内使用面积 53.76 平方米，阳台面积 1.29 平方米。该户型是 B13 户型的扩展版,起居室加宽 15 厘米，主卧室右移并增加主卫，中间加入了次卧。

功能布局：户型单面采光，居室横向展开，进深仅 6.3 米，非常明亮。上端小书房虽然为黑空间，但通过通向走廊的高窗通风，提高了空间的通风指数，使户型接近于三居室。厨房和卫生间虽然横竖错位，但门门相对，之间的交通转换空间恰到好处地放置下了冰箱。

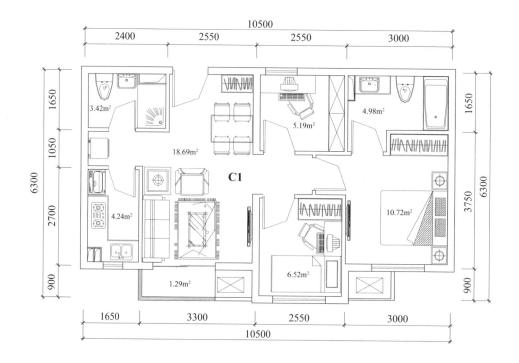

户型编号	C1
户型类型	二室二厅二卫
套内使用面积（m²/套）	53.76
套型阳台面积（m²/套）	1.29

足套型 3
C1 户型

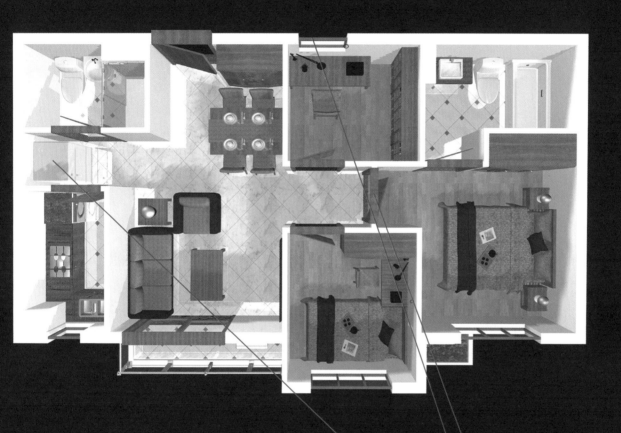

● 主卧门移至走廊，保证开启后避开主卫门。

● 小书房采用走廊高窗通风，使户型接近于三居室。

● 厨房和卫生间虽然横竖错位，但门门相对，两门之间的空间恰到好处地放置下冰箱。

尾套型

尾套型是指设置在楼座或住宅单元尾部的一类户型，通常为三面采光，用于楼座或住宅单元日照面和观景面相对较差的方位。尾套型通常以左下侧对接模块户型。

日照开间窄

尾套型通常位于楼座或住宅单元的尾部，充分利用三面采光的优势，因此，为节约面宽，在主要日照方向采用一个半开间。如 C5 户型，主卧和次卧错出半个开间，增加南向窄窗，使次卧获得日照，而其他空间则利用侧面和后面宽阔的采光面，保持通透性。

过道动线长

由于尾套型纵向布局，过道偏长，不便于摆放家具，空间的利用率稍低。优势是采光面宽，室内光线充足，灰色空间很少。缺憾是户型的格局不规整，如 C6、C5 户型，为了兼顾利用北侧采光面，整体呈现出"刀把"形。另外，两户型左下侧的卡口，是为了对接不同的套型。

57

尾套型 1

C5/C6 户型

尾套型

适用范围: 适用于楼座端部、东北、西北侧,为三面采光。

户型分析: 三室二厅一卫的 C5 户型,套内使用面积 59.63 平方米,阳台面积 1.35 平方米。三室二厅一卫的 C6 户型,套内使用面积 62.34 平方米,阳台面积 1.35 平方米。两户型格局基本相同,C5 户型厨房和餐厅上移 2.1 米,就成为了 C6 户型。两户型左下侧结构折角 C5 对接进深 7.8 米的户型,C6 对接进深 11.1 米的户型。

功能布局: 户型南侧仅占用不到一个半开间,并充分利用侧采光面布置居室。同时,次卧两面开窗,或者干脆采用角窗、角飘窗,最大限度地获取南向阳光。明餐厅与厨房相邻,保证使用便捷的同时,使纵向通风变得顺畅。卫生间采用干湿分离,提高使用效率。

C5 户型上端外墙取直,简化结构。大门外对接 1.5 米走廊的同时,左上侧预留了公共管井位置。

C6 户型在 C5 户型的基础上将厨房和餐厅上移 2.1 米,使餐厅窗户开在侧面,以获取侧向阳光。门厅衣柜设置在小次卧的左上外侧,借用空间。

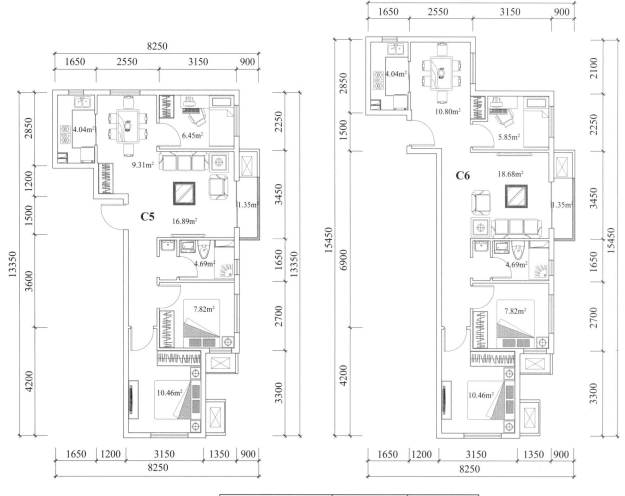

户型编号	C5	C6
户型类型	三室二厅一卫	三室二厅一卫
套内使用面积(m²/套)	59.63	62.34
套型阳台面积(m²/套)	1.35	1.35

尾套型 1
C5／C6 户型

尾套型

C5

● 上端外墙取直，简化结构。

● 大门外左上侧预留了公共管井位置。

● 大门外左下侧对接进深 7.8 米的户型。

C6

● 门厅衣柜设置在小次卧的左上外侧，借用空间。

● 厨房和餐厅上移。

● 大门外左下侧对接进深 11.1 米的户型。

● 卫生间采用干湿分离，提高使用效率。

尾套型 2

B7 户型

尾套型

适用范围：适用于楼座端部、东北、西北侧，为三面采光。

户型分析：二室二厅一卫的 B7 户型，套内使用面积 50.53 平方米，阳台面积 1.29 平方米。该户型为 C5 户型的缩减版，去掉了小次卧，下移餐厅使起居室方正，同时，厨房和卫生间并排设计在起居室的上端。

功能布局：厨卫并排，便于管线布局，交通转换空间放置洗衣机或冰箱。大门外左下侧结构折角可以对接 6.3 米进深的户型。

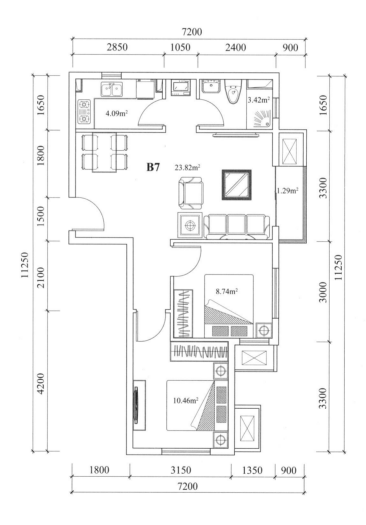

户型编号	B7
户型类型	二室二厅一卫
套内使用面积（m²/套）	50.53
套型阳台面积（m²/套）	1.29

尾套型 2
B7 户型

尾套型

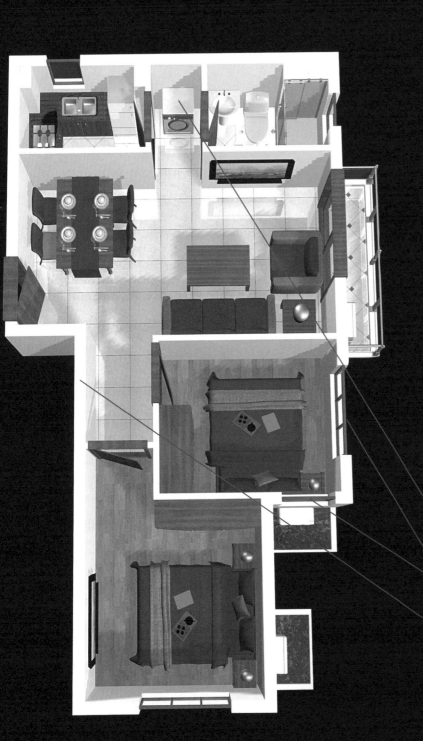

- 卫生间与厨房门之间放置洗衣机或冰箱。

- 次卧的双窗是为了更好地满足日照，可以改成角飘窗。

- 左下侧结构折角可以对接 6.3米进深的户型。

组合模块篇

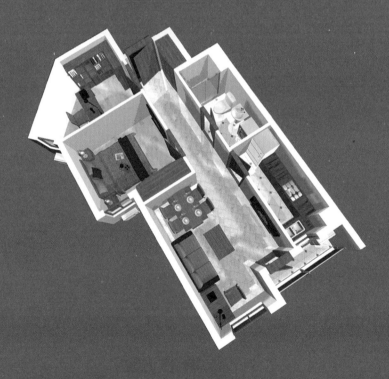

空间的接口

篇前语

模数协调能否顺畅，很重要的一点就是设计出合理的接口，保证套型与套型、套型与公共部分的走廊和交通核有效对接。

套型接口

套型进深尺度相同，接口直接对接，如6.3米和7.8米，是多种套型的标准接口；套型面宽尺度相同，如6.3米和11.8米，互换便捷。这些在头套型、足套型和对应套型中经常见到，对接后，能保持结构贯通，公共部分连接顺畅。

居室接口

套型局部进深尺度相同，接口正位或错位对接，同样保持结构贯通，交通连接顺畅。如2.85米正位对接，可形成塔楼中对应套型和转角套型，

而3.75米的错位对接，将腰套型和足套型咬合组合，可有效地布局板塔楼不同的采光面。

转向接口

套型与套型之间形成转角，可以采用相同接口直接对接，如2.85米和6.3米接口的转角套型，前者采用异形书房正位对接，后者采用转角起居室正位对接，都能使楼座产生偏转。

公共接口

套型大门外都预留了1.5米的接口，便于与1.5米宽的公共走廊对接，同时，2.1米×2.4米、2.4米×2.4米的电梯，2.7米×（4.8～5.1）米、3米×7.5米的楼梯，2.1～2.4米的电梯前室等，都为合理对接留出了协调空间。

对应式

对应式是模块户型正向对接时，部分居室通过开槽采光，反向对接时，部分居室通过半遮挡采光。

相同型对接整齐

相同型对接时，户型外部墙面整齐，内部格局也统一，整体对称。如B3、B9户型：正向对接时，次卧、厨房通过开槽采光、通风；反向对接时，次卧、厨房形成半遮挡，采光视角增大。

相似型互换便捷

相似型对接时，户型外部墙面整齐，内部格局有所变化。这样做，一方面是为了调节单元或楼座面宽，一方面是为了调整户型配比。如A5、B1户型：正向对接时，卧室、餐厅、厨房通过开槽采光、通风；反向对接时，卧室、餐厅、厨房形成半遮挡，采光视角增大。同时，A5为一居，B1为两居，在外部结构不变的情况下，调整单元或楼座户型的配比。

相同型 1

A2-1／A2-2 户型

对应式

　　适用范围:适用于楼座一侧,通常为南、东、西侧,或斜向,为单面采光。

　　户型分析:一室二厅一卫的 A2-1、A2-2 户型,套内使用面积 31.16 平方米,阳台面积 1.14 平方米。两户型是 4.35 米 ×11.1 米的标准模块,相同户型正向对接时,中间留有 2.7 米的开槽,

保证起居室和厨卫的采光。更多的时候是和 C6 户型反向对接,用做楼座尾部。

　　功能布局:A2-1 户型和 A2-2 户型的区别在于卧室侧面床头柜的开窗,主要是朝向东、西侧时,卧室可以通过小窗获得更多的南向日照。

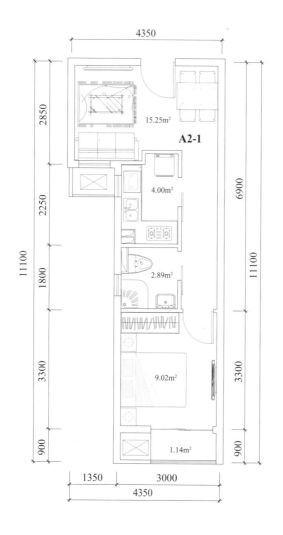

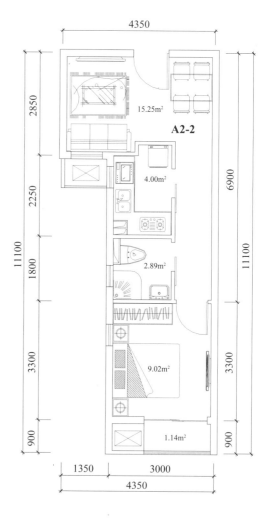

户型编号	A2-1	A2-2
户型类型	一室二厅一卫	一室二厅一卫
套内使用面积（m²／套）	31.16	31.16
套型阳台面积（m²／套）	1.14	1.14

相同型 1

A2-1／A2-2 户型

对应式

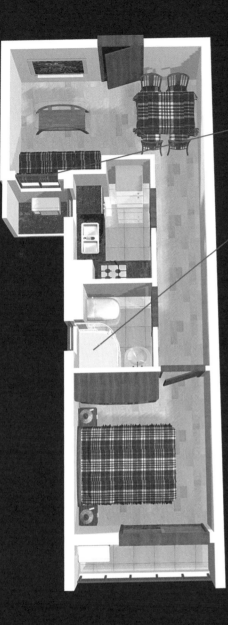

A2-1

● 起居室采用槽内采光，有采光和观景遮挡夹角。

● 卫生间为明卫，洁具布局非常紧凑。

A2-2

● 冰箱和沙发采用凹凸 "S" 墙处理，提高空间利用率。

● 卧室朝向东、西侧时，可以通过床头柜小窗获得南向日照。

相同型 2

B3 户型

适用范围：适用于楼座一侧，通常为南、东、西侧，或斜向，为单面采光。

户型分析：二室二厅一卫的 B3 户型，套内使用面积 44.89 平方米，阳台面积 1.27 平方米。该户型模块尺度为 6.3 米 ×9.3 米，正向对接时，次卧采用开槽采光，反向对接时，模块两侧既可以和其他模块正向对接，也可以使次卧形成半边遮挡，扩大采光、日照夹角。

功能布局：B3 户型在将近三个开间里布局：

主卧和次卧占用不到一个半开间；起居室的客厅占用一个开间；厨房占用半个开间。餐厅充分借用了门厅，空间利用最大化。厨房和卫生间虽然横竖错位设计，但门门相对，交通转换空间正好放置冰箱。

正向对接：次卧采用开槽采光，有遮挡夹角。

反向对接：模块折角部分直接对外时，次卧变成了半边遮挡，扩大了采光、日照夹角。同时两户型厨卫相邻，便于管线布局。

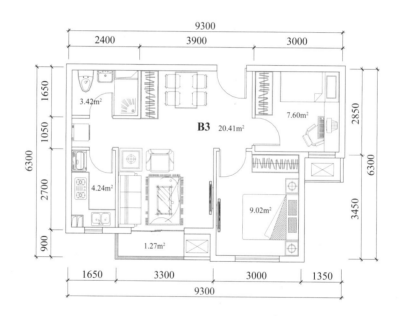

户型编号	B3
户型类型	二室二厅一卫
套内使用面积（m²/套）	44.69
套型阳台面积（m²/套）	1.27

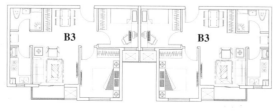

正向对接

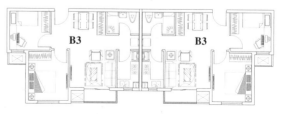

反向对接

相同型 2

B3 户型

对应式

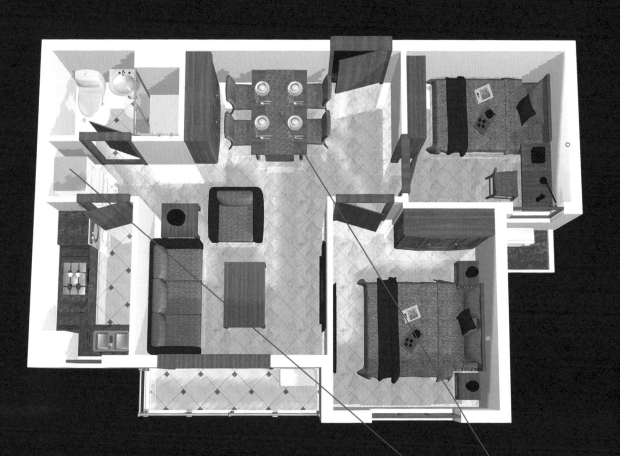

● 餐厅充分借用了门厅，空
间利用最大化。

● 厨房和卫生间虽然横竖错
位设计，但门门相对，交
通转换空间正好放置冰箱。

相同型 3

B9-1／B9-4 户型

对应式

适用范围：适用于楼座一侧，通常为南、东、西侧，或斜向，为单面采光。

户型分析：二室二厅一卫的 B9-1、B9-4 户型，套内使用面积均为 45.03 平方米，阳台面积 1.20 平方米。两户型为 7.5 米 ×7.8 米模块，区别在于大门的开启方向、卫生间的位置和客厅的窗户。

功能布局：户型在不到两个半开间布局，主卧和起居室为整开间采光，次卧室为不到半开间采光，厨房为槽内采光。户型各空间方正，面积均好，次卧按单人卧室设计，虽然仅 7.25 平方米，

但仍可以放置双人卧具。卫生间因保证与起居开间相同，3.15 米的尺度稍大，但可容纳下洗衣机，并且也可设计成干湿分离。

B9-1 为标准户型。B9-4 大门与卫生间对调，调节与走廊的对接，同时增加客厅开窗，保证偏转时满足日照。

B9-1 反向对接：次卧室和厨房采光遮挡夹角变大，视线好了许多。

B9-4 正向对接：中间留有 2.7 米的开槽，保证次卧和厨房的采光。

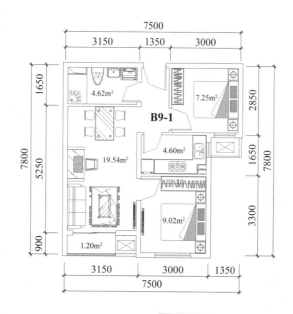

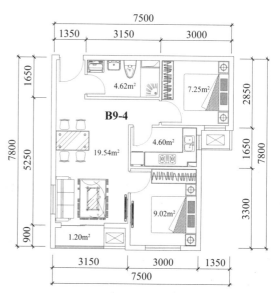

户型编号	B9-1	B9-4
户型类型	二室二厅一卫	二室二厅一卫
套内使用面积（m²/套）	45.03	45.03
套型阳台面积（m²/套）	1.20	1.20

B9-1 反向对接

B9-4 正向对接

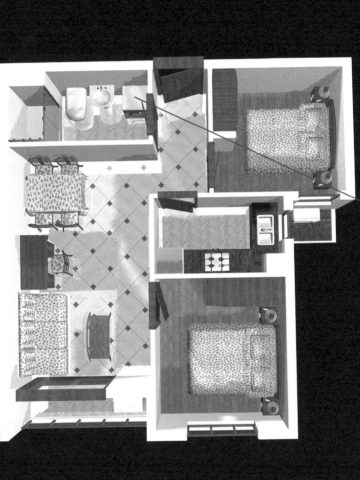

相似型 1

A5／B1 户型

对应式

适用范围：适用于楼座一侧，通常为南、东、西侧，或斜向，为单面采光。

户型分析：一室二厅一卫的 A5 户型，套内使用面积 35.94 平方米，阳台面积 1.14 平方米。二室二厅一卫的 B1 户型，套内使用面积 35.82 平方米，阳台面积 1.14 平方米。两户型均为 6.3 米×7.8 米的标准模块，只是内部空间划分不同，形成差别。A5 户型，厨房和起居室直接采光，卧室采用开槽采光。B1 户型，则将卧室和增加的书房设置在直接采光面，而厨房和餐厅采用开槽采光。

功能布局：两户型正反向对接与相同型类似。

A5 户型，将卧室衣柜埋入下墙，规整空间。客厅拐角设置了精致的学习空间。

B1 户型，在一个半开间布局了卧室和书房，同时，与卫生间对门设置的交通转换空间恰到好处地放置了洗衣机。主卧拐角设置了精致的学习空间。起居室充分利用了门厅交通空间，但动静交叉干扰较大。

户型编号	A5	B1
户型类型	一室二厅一卫	二室二厅一卫
套内使用面积（m²/套）	35.94	35.82
套型阳台面积（m²/套）	1.14	1.14

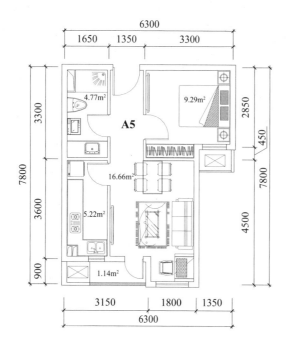

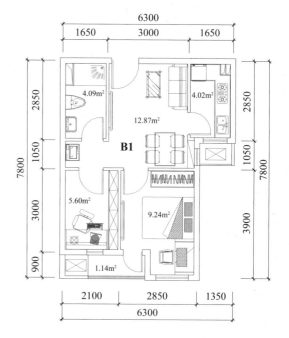

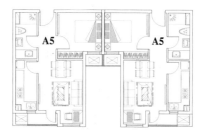

A5 正向对接

B1 反向对接

相似型 1
A5／B1 户型

对应式

A5
- 卧室衣柜埋入下墙，规整空间。
- 客厅拐角设置了精致的学习空间。

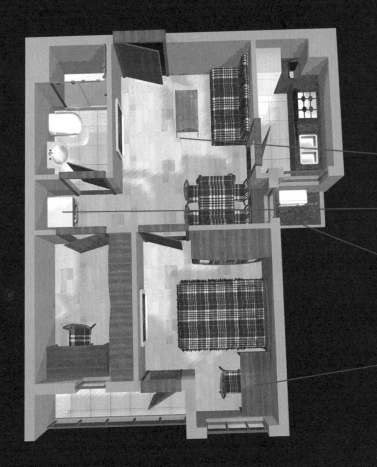

B1
- 起居室充分利用了交通空间，但动静交叉干扰较大。
- 书房和卫生间对门设置的交通转换空间，恰到好处地放置了洗衣机。
- 餐厅窗户虽然开在侧面，但保证了起居室的部分采光、通风。
- 主卧拐角设置了精致的学习空间。

相似型 2

C9/C10 户型

对应式

适用范围：适用于楼座一侧，通常为南、东、西侧，或斜向，为单面采光。

户型分析：三室二厅二卫的 C9 户型，套内使用面积 61.82 平方米，阳台面积 1.27 平方米。三室二厅一卫的 C10 户型，套内使用面积 59.91 平方米，阳台面积 1.20 平方米。两户型右半部完全相同，只是 C10 户型在左半部去掉了次卫，上墙下移 1.5 米，保证侧向卡入进深 6.3 米的户型，或者正向卡入 3 部标准电梯。

功能布局：C9 户型是 B9 户型加上 A3 户型

的左下部，目的是在同一楼座相同位置的不同楼层分出大小不同的户型。C10 户型是 C9 户型的缩小调整版，只是在起居室和主卧的开间作了调整，以保证户型的均好性。

两户型为了增加客厅的进深，将阳台去掉，保持外墙结构的平整，而阳台则设置在主卧。

C10 对接：侧向对接时，可以调整偏转 90°的 C10 户型大门朝下，共用走廊。正向对接时，上侧可以侧向卡入进深 6.3 米的户型，与其他模块反向对接时，上侧可以卡入 3 部标准电梯。

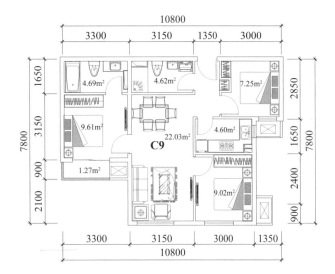

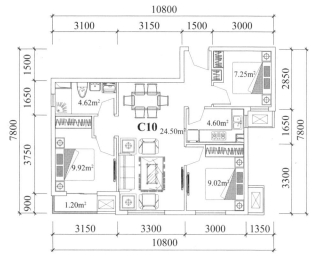

C10 侧向对接

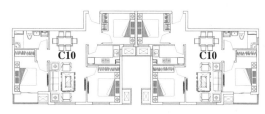

C10 正向对接

户型编号	C9	C10
户型类型	三室二厅二卫	三室二厅一卫
套内使用面积（m²/套）	61.82	59.91
套型阳台面积（m²/套）	1.27	1.20

相似型 2
C9／C10 户型

对应式

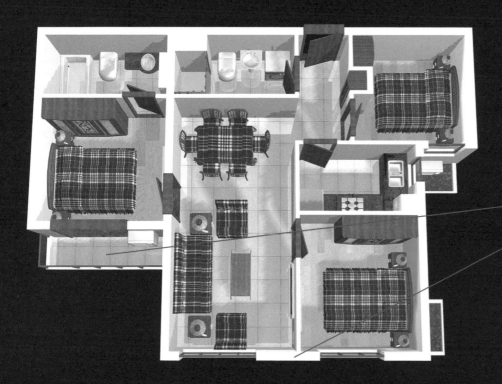

C9

● 阳台设置在主卧。

● 为了增加客厅的进深，将原 B9 户型阳台去掉，保持外墙结构的平整。

C10

● 正向对接时，上侧可以侧向卡入进深 6.3 米的户型，

● 与其他模块反向对接时，上侧可以卡入 3 部标准电梯。

转角式

转角式是指此套型与彼套型对接时可以形成多角度转向，设计成有斜朝向户型的楼座。

直接型对接规矩

直接型就是在标准对应套型的基础上，加入 45° 角的异形书房，斜边为 2.85 米的接口，保证与对应套型的正向对接，同时大门一侧留有电梯凹槽，与类似户型对接时，可以卡入不同数量的电梯。如 C8-1 户型，斜向既可以和所有对应套型正向对接，也可以和相同或相似户型形成 90° 转角。相同户型右侧对接时，可以卡入 3 部标准电梯，与 B2 户型对接时，可以卡入 2 部标准电梯，而 B2 相同户型对接时，可以卡入 1 部标准电梯。如 C14 相同户型起居侧墙对接时，可以形成 90° 转角，并无互视。

间接型角度多变

间接型对接角度不固定，可以是钝角、锐角和直角，根据需要调整。如 B15、C11 户型，差异只是在书房和主卫的增减上，主卧上端的缺角是为了北侧的户型斜向时，获得日照、观景视角。如 C12 户型，只在 C11 户型的基础上偏转厨房，目的是在大门外侧留出 1 部标准电梯的位置。

直接型 1

C8-1／C8-2 户型

转角式

适用范围: 适用于楼座一侧,通常为南、东、西侧,或斜向,为单面采光。

户型分析: 三室二厅一卫的 C8-1、C8-2 户型,套内使用面积均为 54.11 平方米,阳台面积 1.27 平方米。该户型在 B9 户型基础上,增加了异形书房,使 45° 角倾斜的 2.85 米侧墙可以对接标准模块。

功能布局: 基本布局同 B9 户型,书房采用 45° 角采光,C8-1 户型大门右侧的 3.15 米凹口,相同户型反向对接时,可以卡入 3 部标准电梯。两户型的区别一是大门的开口方向,用于对接不同朝向的走廊;二是 C8-2 户型增加了两个卧室床头窄窗,用于增加日照。由于 45° 斜角,部分尺寸不合模数。

C8-1 反向对接: 凹口可以卡入 3 部标准电梯。次卧和书房虽然半采光,但直接对外,比较明亮。

C8-2 斜向对接: 两户型虽然相互成 90° 角,但分别朝向东南和西南,没有互视。

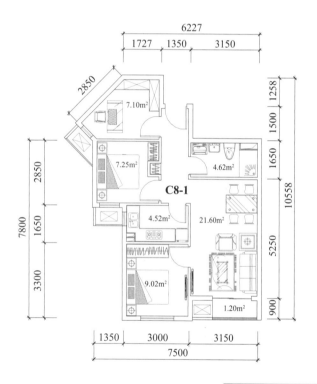

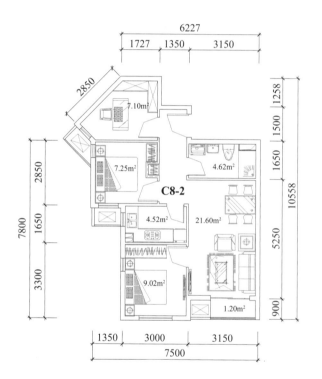

户型编号	C8-1	C8-2
户型类型	三室二厅一卫	三室二厅一卫
套内使用面积（m²/套）	54.11	54.11
套型阳台面积（m²/套）	1.27	1.27

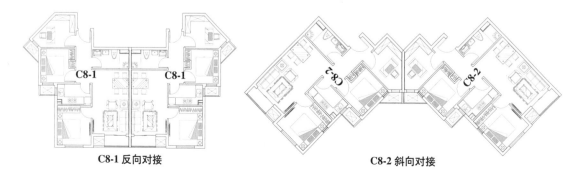

C8-1 反向对接　　　　　　　　C8-2 斜向对接

直接型 1
C8-1／C8-2 户型

转角式

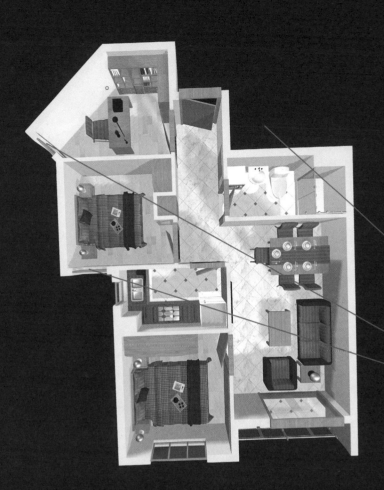

C8-1
- 相同户型反向对接时, 凹口可以卡入 3 部标准电梯。
- 次卧和书房虽然半采光, 但直接对外, 比较明亮。

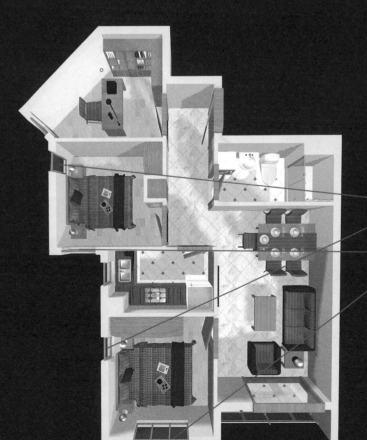

C8-2
- 卧室的床头窄窗, 用于增加日照。
- 相同户型斜向对接时, 两户型虽然相互成 90° 角, 但分别朝向东南和西南, 没有互视。

直接型 2

B2 户型

转角式

适用范围：适用于楼座一侧，通常为南、东、西侧，或斜向，为单面采光。

户型分析：二室二厅一卫的 B2 户型，套内使用面积 46.96 平方米，阳台面积 1.05 平方米。

该户型在 A5 户型基础上，增加了异形书房，使 45° 角倾斜的 2.85 米的侧墙可以对接 7.8 米进深的标准模块。

功能布局：基本布局同 A5 户型，书房采用 45° 角采光，大门右侧的 1.05 米的折角，相同户型反向对接时，可以卡入 1 部标准电梯，与 C8-1 户型反向对接时，可以卡入 2 部标准电梯。客厅的采光窗部分形成了学习区，可以放上实用的电脑桌。由于斜角，部分尺寸不合模数。

反向对接：相同户型可以卡入 1 部标准电梯。次卧和书房虽然半采光，但直接对外，比较明亮。

斜向对接：两户型虽然相互成 90° 角，但分别朝向东南和西南，没有互视。客厅的采光窗部分形成了学习区，可以放上实用的电脑桌。

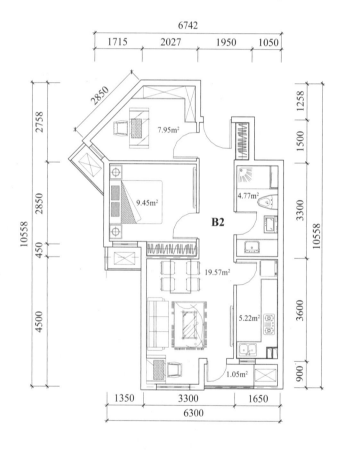

户型编号	B2
户型类型	二室二厅一卫
套内使用面积（m²/套）	46.96
套型阳台面积（m²/套）	1.05

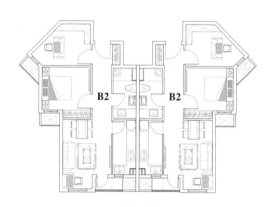

反向对接

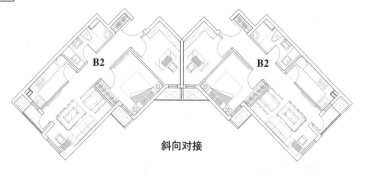

斜向对接

直接型 2
B2 户型

转角式

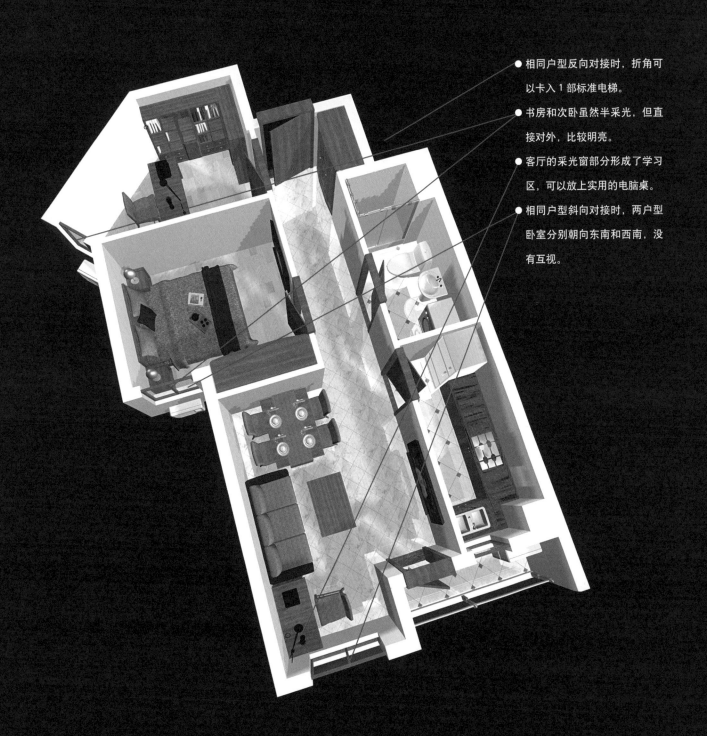

- 相同户型反向对接时，折角可以卡入 1 部标准电梯。

- 书房和次卧虽然半采光，但直接对外，比较明亮。

- 客厅的采光窗部分形成了学习区，可以放上实用的电脑桌。

- 相同户型斜向对接时，两户型卧室分别朝向东南和西南，没有互视。

直接型 3

C14-2／C14-3 户型

转角式

适用范围：南北通透、全明卫、短进深，适用于南方楼盘。起居部分的 45° 偏转，直接对接 6.3 米接口的户型，形成楼座的偏转。

户型分析：二室（半）二厅二卫的 C14-2、C14-3 户型，套内使用面积 62.66 平方米，阳台面积 1.27 平方米。北侧小书房采用厨卫模块，面积不足 5 平方米，只能算作储藏间，但通风、采光，仍比较实用，户型接近于三居室。

功能布局：次卧因起居转角形成了异形区域，正好埋进衣柜。另一侧三角区域，设置实用的储藏间。两户型的区别是：主卧窗户的不同朝向，用以调节日照方向；厨卫及小书房窗户错位，两户型厨卫相对布局时避免互视。由于斜角，部分尺寸不合模数。

户型编号	C14-2	C14-3
户型类型	二室（半）二厅二卫	二室（半）二厅二卫
套内使用面积（m²／套）	62.66	62.66
套型阳台面积（m²／套）	1.27	1.27

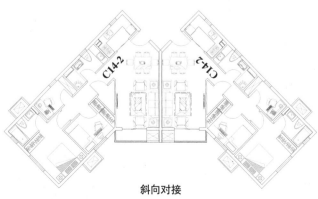

斜向对接

直接型 3
C14-2／C14-3 户型

转角式

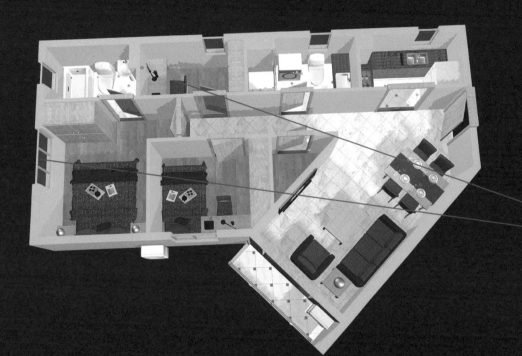

C14-2

● 书房虽小，比较实用。

● 主卧窗户朝向侧面，用
以调节日照方向。

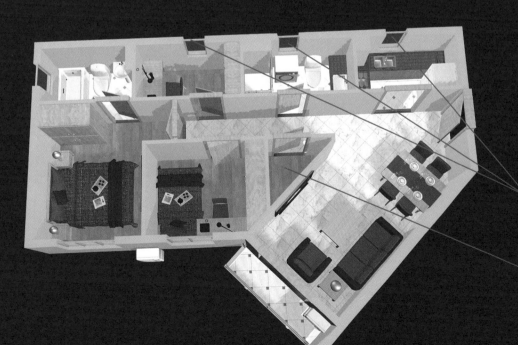

C14-3

● 厨卫及小书房与 C14-2
窗户错位，两户型厨卫
相对布局时避免互视。

● 小储藏间实用，并且消
化了异形空间。

间接型 1

B15-1／B15-2 户型

转角式

　　适用范围：全明卫、短进深，适用于南方楼盘。主卧与卫生间形成阶梯折角，是为了转角时避免对后面户型产生遮挡。

　　户型分析：二室二厅一卫的 B15-1、B15-2 户型，套内使用面积 47.28 平方米，阳台面积 1.27 平方米。该户型动静分离明确：动区的门厅、餐厅和客厅面积配比适宜；静区的卫生间和次卧形成了通风通道。

　　功能布局：卫生间采用了 3.15 米的模块，为了保证门与次卧相对，将洗手台设置在里侧，动线稍长，可以考虑将浴缸和洗手台对调，微调坐便器和洗衣机的位置。

　　反向对接：两侧阶梯折角，是为了转角时避免对后面户型产生遮挡。

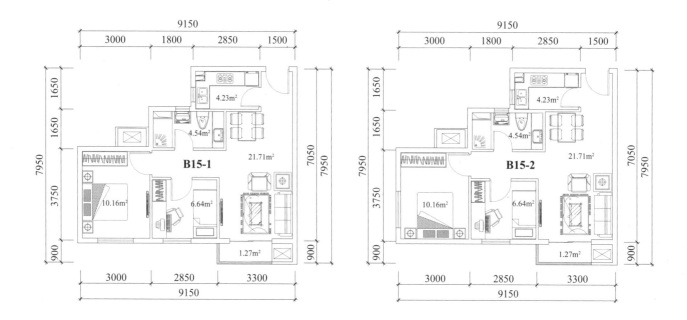

户型编号	B15-1	B15-2
户型类型	二室二厅一卫	二室二厅一卫
套内使用面积（m²／套）	47.28	47.28
套型阳台面积（m²／套）	1.27	1.27

反向对接

间接型 1
B15-1／B15-2 户型

转角式

B15-1

● 主卧与卫生间形成的阶梯折角，是为了转角时避免对后面户型产生遮挡。

● 次卧恰到好处地布置成单人卧室。

B15-2

● 门厅、餐厅和客厅面积配比适宜。

● 卫生间和次卧对门，形成了直接通风通道。

间接型 2

C11-1／C11-2 户型

转角式

适用范围：南北通透、全明卫、短进深，适用于南方楼盘。主卧与主卫形成的阶梯折角，是为了转角时避免对后面户型产生遮挡。

户型分析：三室二厅二卫的 C11-1、C11-2 户型，套内使用面积 60.05 平方米，阳台面积 1.27 平方米。两户型在 B15 户型的基础上，增加了主卫和书房。

功能布局：基本布局同 B15 户型，书房与主卫同时插入，扩大了户型面宽。

反向对接：两侧阶梯折角，是为了转角时避免对后面户型产生遮挡。

户型编号	C11-1	C11-2
户型类型	三室二厅二卫	三室二厅二卫
套内使用面积（m²/套）	60.05	60.05
套型阳台面积（m²/套）	1.27	1.27

反向对接

间接型 2
C11-1／C11-2 户型

转角式

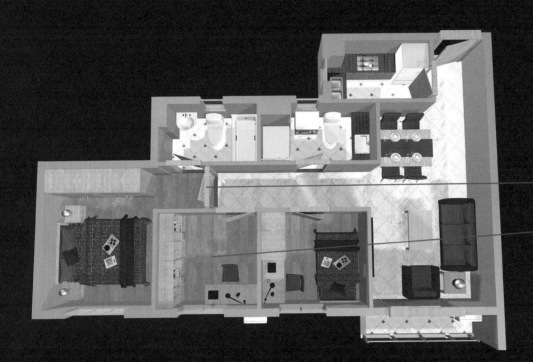

C11-1
- 主卧大门外移，目的是纳入主卫。
- 书房尺度方正，比较实用。

C11-2
- 交通通道自然将餐厅和客厅分开。
- 走廊虽长，但解决了多个居室的出入问题。
- 主卧窗户侧向，用于调节日照方向。

间接型 3

C12-1／C12-2 户型

转角式

适用范围:适用于楼座一侧, 通常为南、东、西侧, 或斜向, 为三面采光。

户型分析:三室二厅二卫的 C12-1、C12-2 户型,套内使用面积 62.03 平方米,阳台面积 1.33 平方米。两户型在 C11 户型的基础上,偏转厨房,将门厅左移,右侧留出了 2.1 米 ×2.4 米的折角,用于设置 1 部标准电梯。

功能布局:基本布局同 C11 系列户型, 相同户型反向对接时, 可以卡入 2 部标准电梯。

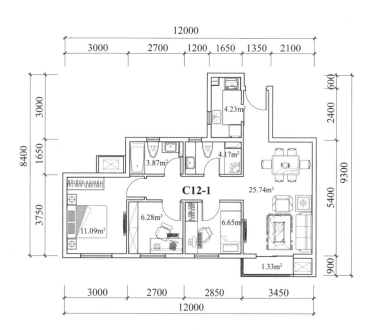

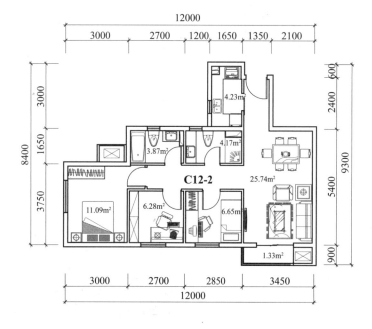

户型编号	C12-1	C12-2
户型类型	三室二厅二卫	三室二厅二卫
套内使用面积 (m²/ 套)	62.03	62.03
套型阳台面积 (m²/ 套)	1.33	1.33

反向对接

间接型 3
C12-1／C12-2 户型

转角式

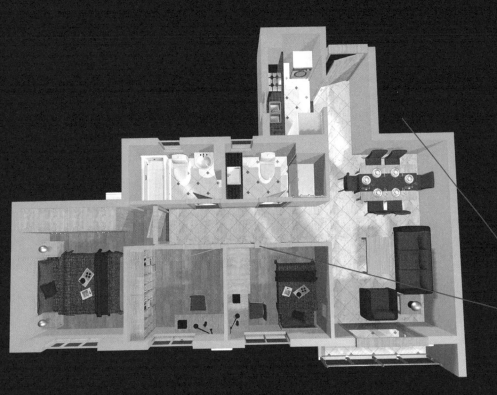

C12-1

● 大门右侧可以卡入 1
部标准电梯。

● 中间开门的次卧，恰
到好处地布置成单人
卧室。

C12-2

● 主卧侧向开窗，用于
调节日照方向。

间接型 4

C13-1/C13-2 户型

转角式

适用范围：南北通透、全明卫、短进深，适用于南方楼盘。

户型分析：三室（半）二厅二卫的 C13-1、C13-2 户型，套内使用面积 65.07 平方米，阳台面积 1.27 平方米。两户型在 C11 户型的基础上，增加了小书房，取齐了主卧上端的外墙。

功能布局：基本布局同 C11、C12 户型，小书房采用了厨卫模块，不足 5 平方米，只能算作储藏间。两主卧窗户朝向不同，用于调节日照方向。

C13-2 反向对接：适用于"井字楼"的一翼。

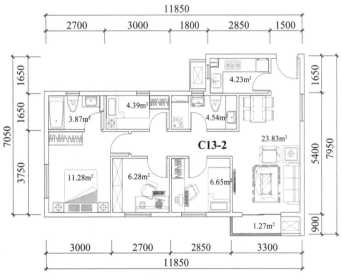

户型编号	C13-1	C13-2
户型类型	三室（半）二厅二卫	三室（半）二厅二卫
套内使用面积（m²/套）	65.07	65.07
套型阳台面积（m²/套）	1.27	1.27

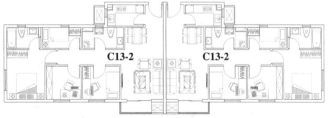

C13-2 反向对接

间接型 4

C13-1／C13-2 户型

转角式

C13-1

● 大门右侧可以对接走廊。

● 小卧室虽然小，但直接
对外采光，比较实用。

C13-2

● 门门上下相对，构成了
通风回路。

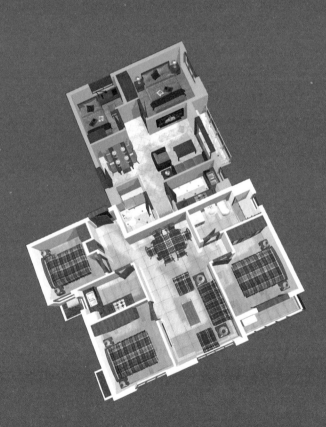

模块住宅篇

空间的对接

篇前语

模块户型通过模数协调实现建筑产品的尺寸及安装位置的合理对接，包括建筑、结构、设备、电气、管井、门窗、楼梯、厨具、洁具、家具等，最终推进住宅标准化、产业化。

套型内对接

套内各空间的布局合理、紧凑，交通流线顺畅，尽量减少显性交通走道。

功能分区合理，做到公私、干湿、洁污、动静分离。

复合利用套内空间，实现集约化。

起居室、卧室有利于家具摆放，保证畅通的交通，满足舒适性和观瞻性要求。

利用阳台的落地门，开敞后延展客厅、餐厅和卧室的使用空间。

单元内对接

缩短公共走廊的长度，紧凑安排设备管井，

尽可能将有限的面积用于套内，减少公摊面积，使用面积系数控制在 70% 以上。

合理分配面宽和进深，使每户获得的充裕的日照、采光、通风，满足有关规范要求，同时户间尽量避免视线干扰。

建筑体形规整，外墙避免过多曲折，减小体形系数，以利增加抗震系数，节约结构成本。

尽可能采取大开间结构体系和非承重轻质隔墙，易于改造，分隔灵活，以适应不断变化的居住需求。

楼座内对接

边单元的外侧卫生间与居室尽量增加开窗。

与相邻单元对接时，结构尺寸对位，保持建筑的整体和谐、顺畅。

通廊式对接时，保持走廊的通畅，并增加防火门。

内廊过长时，增加多处通风、采光窗户。

通廊式

通廊式住宅楼由公共楼梯、电梯通过内、外廊进入各套住宅。通廊式住宅楼分为I字楼、L字楼和U字楼。

内廊与外廊

内廊式中间设公共走廊，住宅布置在走廊两侧，各户毗邻排列。一般有长廊与短廊之分：长廊视住房多少，可设两部楼梯和多部电梯于中部或端部；短廊仅在中部设一部或两部楼梯和电梯。由于走廊内缺乏自然光照明，因此比较黑暗，采光和通风大大低于外廊式。优点是：外墙完整，容易做出规整、简明的结构布局，抗震性能好；其楼梯服务户数较多，公摊小，用地较节省；建设成本较低，销售价格也比较便宜。缺点是：楼梯和电梯服务户数较多；由于套型并列相对，无法开门开窗，户间干扰比外廊式住宅要增加一倍。

外廊式在楼座一侧设有公共走廊，走廊一侧直接采光，端部通向楼梯和电梯。也可以分为长廊和短廊两种：长廊每层可以服务许多户；短廊每层可以服务3～5户。建筑样式可以分为全敞开式和半敞开式两种。优点是：门外采光、通风好。缺点是：外廊作为公共交通走道，只解决单排套型出入，公摊大，建筑造价较高。

直通与拐角

直通式通廊交通便捷，户型对接整齐，楼座结构简洁。如I字楼中的所有楼座，走廊贯穿其中，两端和中部采光，交通组织明确，通风不错。拐角式通廊一般在交通核处形成转角，户型对接既可整齐，也可错落，楼座结构可简可繁。如L字楼1、L字楼4，户型整齐，结构简洁，"U"字楼1虽然有两次转角，但同样整洁。L字楼的其他楼座通廊虽然平直整齐，但外立面却起伏多变。

I 字楼 1

3 梯 18 户（直通内廊式）

通廊式

　　适用范围：东西朝向户型，南北纵向楼座。定位于保障房中的公租房和商品房中的青年公寓。

　　楼座分析：采用南北直通内廊，除交通核中的电梯前室、楼梯直接采光外，南北两端也增设开窗，保持通透性。电梯配备为 2 部标准梯加 1 部宽梯。

　　户型布局：主要以合体一居的 A4-1 户型布局，两端配有 B13-3 两居户型和 A7-1、A7-4 一居户型，充分利用两面及三面采光优势。A7-1、A7-4 户型增加卫生间窗户。

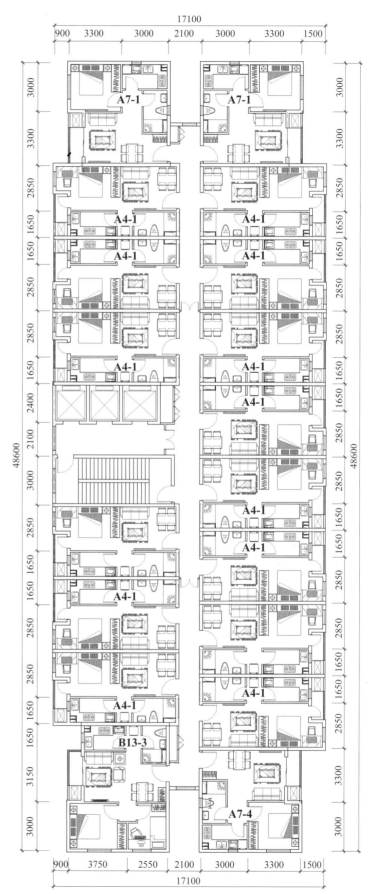

户型编号	户型用量	户型类型	套内使用面积（m²/套）	套型阳台面积（m²/套）	套型总建筑面积（m²/套）
A4-1	14	一室一卫	29.62	1.01	41.09
A7-1	2	一室一厅一卫	33.56	1.27	46.73
A7-4	1	一室一厅一卫	33.56	1.27	46.73
B13-3	1	二室二厅一卫	40.74	1.22	56.29
住宅标准层总建筑面积（m²）			771.75		
住宅标准层总使用面积（m²）			575.27		
住宅标准层使用面积系数			0.7454		

A4-1+A7-4

● 小拐角，既保证了下侧
适宜地放置下书桌，也
留出了出入阳台的门。

● 三人沙发的设置，保证
了三口之家的正常使用。

● 增设卫生间窗户，使户
型变得更加通透。

I字楼2

3梯13户（直通内廊式）

通廊式

　　适用范围：东西朝向户型，南北纵向楼座。定位于保障房和商品房中的青年公寓。

　　楼座分析：采用南北直通内廊，除电梯交通核直接采光外，南北两端也增设开窗，保持通透性。电梯配备为2部标准梯加1部宽梯。下端右侧的A5户型，是为了增加管井并保持开槽尺度呈单独设置。

　　户型布局：主要以两居的B9-1、B9-2户型布局，配有3个A5一居户型调节楼座尺度和户型配比。

户型编号	户型用量	户型类型	套内使用面积（m²/套）	套型阳台面积（m²/套）	套型总建筑面积（m²/套）
A5	3	一室二厅一卫	35.94	1.14	50.14
B9-1	8	二室二厅一卫	45.03	1.20	62.52
B9-2	2	二室二厅一卫	45.03	1.20	62.52
住宅标准层总建筑面积（m²）			775.62		
住宅标准层总使用面积（m²）			573.54		
住宅标准层使用面积系数			0.7395		

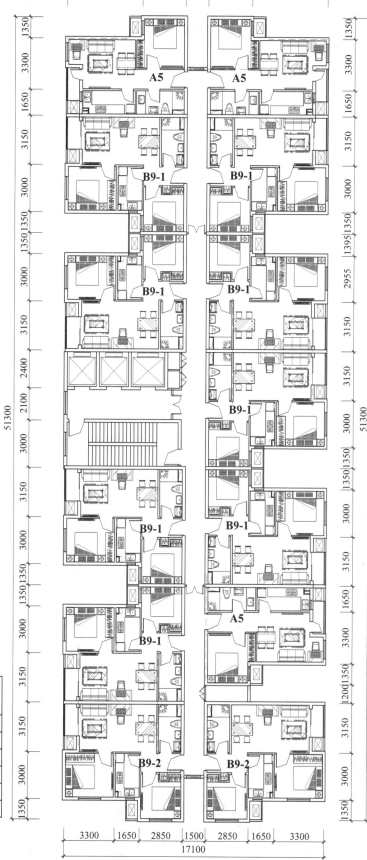

Ｉ字楼 2
3 梯 13 户（直通内廊式）

通廊式

A5+B9−2

● 卫生间和厨房排列在一起，
便于集中管线。

● 增加公共管井的同时，外
部开槽也加大。

● 窗户调整到南侧，保持充
分的日照。

I 字楼 3
1 梯 5 户（直通内廊式）

通廊式

适用范围：南北朝向户型，东西横向楼座。

楼座分析：采用东西直通内廊，楼梯直接采光，电梯前室与走廊相融，两端增设开窗，保持通透性。电梯配备为 1 部标准梯。

户型布局：北侧的两个 B13-3 户型因次卧直接采光，变成了两居。南侧中间的 B13-1 户型次卧则通过高窗保持与走廊的通风，只能算是一居。A7-1 户型因开槽增加了卫生间窗户。

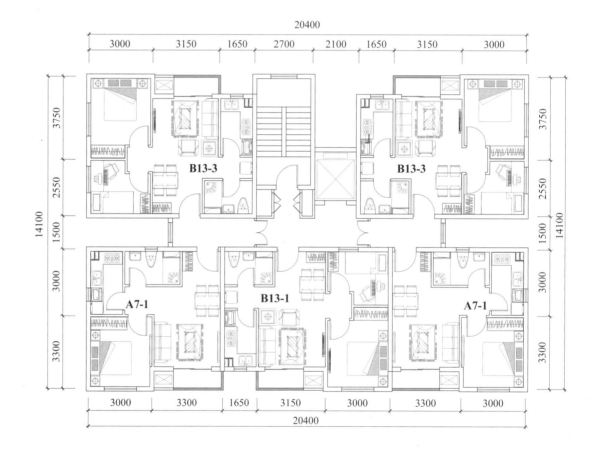

户型编号	户型用量	户型类型	套内使用面积（m²/套）	套型阳台面积（m²/套）	套型总建筑面积（m²/套）
A7-1	2	一室一厅一卫	33.56	1.27	47.41
B13-1	1	一室二厅一卫	40.74	1.22	57.11
B13-3	2	二室二厅一卫	40.74	1.22	57.11
住宅标准层总建筑面积（m²）			266.14		
住宅标准层总使用面积（m²）			195.54		
住宅标准层使用面积系数			0.7347		

I字楼 3
1梯 5 户（直通内廊式）

通廊式

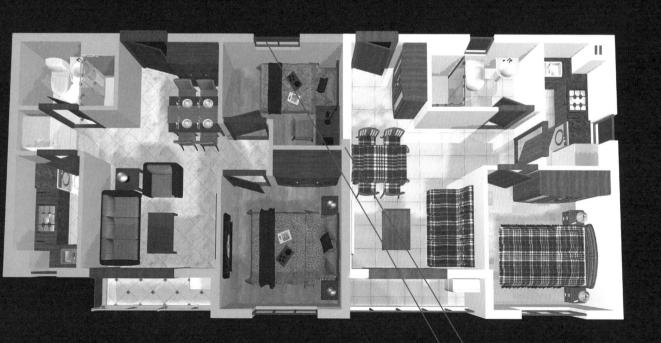

I字楼4

2梯8户（直通内廊式）

通廊式

适用范围：南北朝向户型，东西横向楼座。适合东西向或商住类楼。

楼座分析：采用东西直通内廊，交通核位于楼梯中部，走廊两端增设开窗，保持电梯前室的通透性。电梯配备为2部宽梯，采用分段设置，主要是避免设在中间与卧室相邻。

户型布局：中间的A5户型南北对称：南侧边户型为B4-2，下端外墙与相邻A5户型对接形成折角，大门外缺口可以卡入宽电梯；北侧边户型为A7-3，上端外墙与相邻A5户型也对接形成折角。

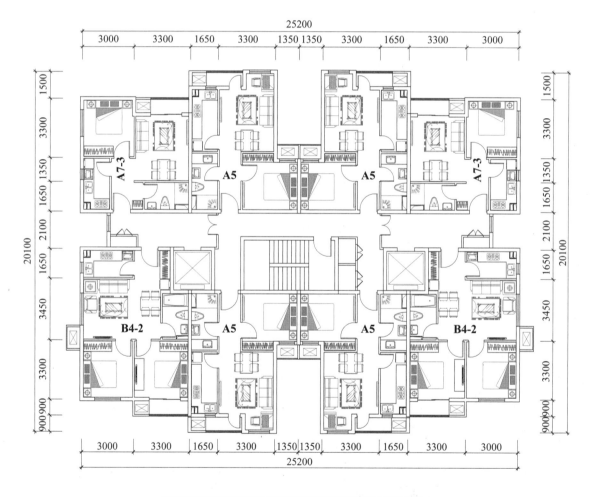

户型编号	户型用量	户型类型	套内使用面积 (m²/套)	套型阳台面积 (m²/套)	套型总建筑面积 (m²/套)
B4-2	2	二室二厅一卫	46.39	1.27	65.74
A7-3	2	一室二厅一卫	33.56	1.27	48.04
A5	4	一室二厅一卫	35.94	1.14	51.14
住宅标准层总建筑面积（m²）			432.11		
住宅标准层总使用面积（m²）			313.30		
住宅标准层使用面积系数			0.7250		

I字楼4
2梯8户（直通内廊式）

通廊式

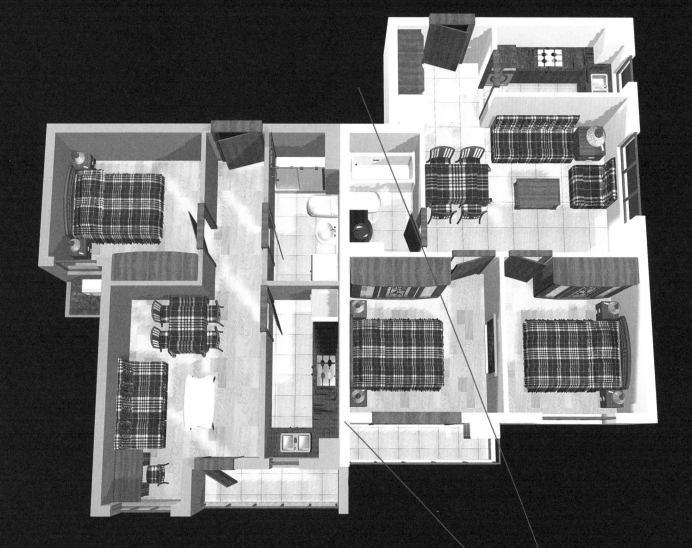

A5+B4—2

● 上端外侧缺口可以
　卡入电梯。

● 下端外墙形成折角。

L字楼1

2梯10户（拐角外廊式）

通廊式

　　适用范围：南、东朝向的户型，东西横向接南北纵向的楼座。定位于保障房中的公租房和商品房中的青年公寓。

　　楼座分析：采用东南拐角外廊，走廊直接采光，交通核设在走廊拐角，如果是六层以下楼座，也可以去掉2部标准电梯，只保留步行梯。

　　户型布局：中部为合体一居A4-1、A4-3户型，边角为两居B6户型。

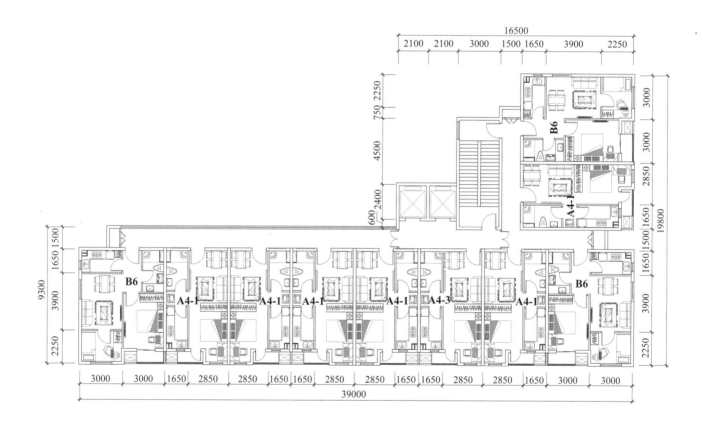

户型编号	户型用量	户型类型	套内使用面积（m²/套）	套型阳台面积（m²/套）	套型总建筑面积（m²/套）
A4-1	6	一室一卫	29.62	1.01	43.60
A4-3	1	一室一卫	29.62	1.01	43.60
B6	3	二室二厅一卫	40.74	1.22	59.73
住宅标准层总建筑面积（m²）			484.43		
住宅标准层总使用面积（m²）			340.29		
住宅标准层使用面积系数			0.7025		

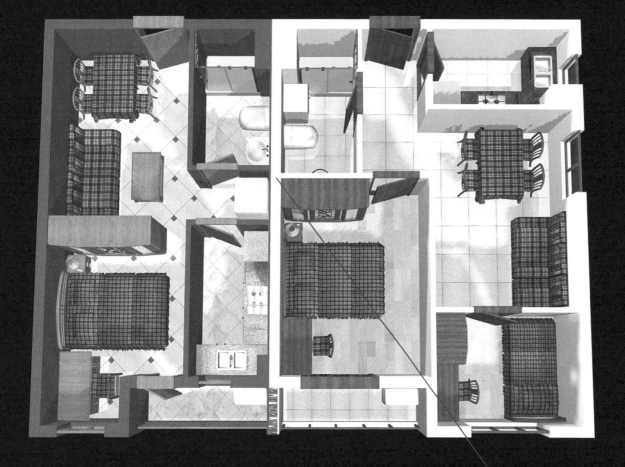

A4-1+B6

小两居的 B6 户型，合体一居的 A4-1 户型直接对接搭配，阳台和卧室窗户对称。

L字楼2
2梯4户（拐角内廊式）

通廊式

　　适用范围：南、南北、西朝向的户型。楼座右侧可连接其他住宅单元。

　　楼座分析：采用西南拐角内廊，2部标准电梯设在走廊上端，目的是避开门。步行梯采用高窗，避免与C3户型次卧互视。西南外立面呈阶梯式变化，富有节奏。

　　户型布局：C3户型为板楼部分，南北通透，其余均为塔楼部分，两面采光。B13-2次卧采用高窗，虽然算作储藏间，仍可作为居室。

户型编号	户型用量	户型类型	套内使用面积（m²/套）	套型阳台面积（m²/套）	套型总建筑面积（m²/套）
C3	1	三室二厅一卫	58.03	1.26	82.37
C9	1	三室二厅二卫	61.82	1.27	87.65
B13-2	1	一室二厅一卫	40.74	1.22	58.29
B4-4	1	二室二厅一卫	45.82	1.27	65.42
住宅标准层总建筑面积（m²）			293.75		
住宅标准层总使用面积（m²）			211.43		
住宅标准层使用面积系数			0.7198		

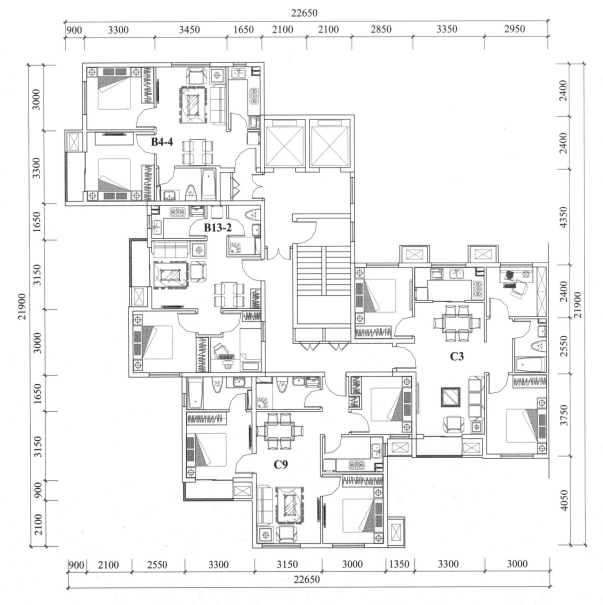

L字楼2
2梯4户（拐角内廊式）

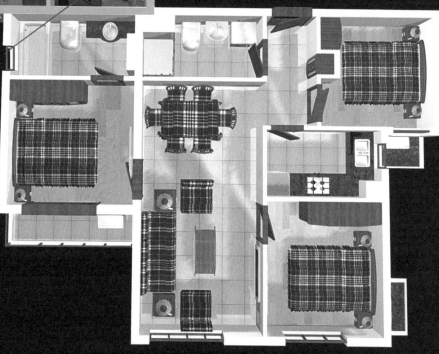

B13-2+C9

● C9卫生间采用上悬开启磨砂玻璃窗，避免与B13-2主卧互视。

● B13-2次卧采用高窗通过走廊通风，虽算做储藏间，但仍可作为居室。

L 字楼 3
2 梯 5 户（拐角内廊式）

通廊式

适用范围：南、西、西北朝向的户型。东南侧 B1 户型可连接其他住宅单元。

楼座分析：采用西南拐角内廊，1 部标准电梯和 1 部宽电梯设在走廊中部，均衡交通。走廊东侧采用部分外廊，在连接其他住宅单元时，可连通走廊。楼座西南外立面呈阶梯式过渡，比较自然。

户型布局：C5 户型为尾套型，三面采光，其余均为单面或两面采光。C9 和 C7 户型为三居，设计在楼座拐角处，充分利用两面采光的优势。B1 户型为小两居，夹在单面采光部位。

户型编号	户型用量	户型类型	套内使用面积（m²/套）	套型阳台面积（m²/套）	套型总建筑面积（m²/套）
C5	1	三室二厅一卫	59.63	1.35	85.74
C9	1	三室二厅二卫	61.82	1.27	88.71
C7	1	三室二厅二卫	68.71	1.22	98.33
B1	2	二室二厅一卫	35.82	1.14	51.97
住宅标准层总建筑面积（m²）			376.69		
住宅标准层总使用面积（m²）			267.92		
住宅标准层使用面积系数			0.7112		

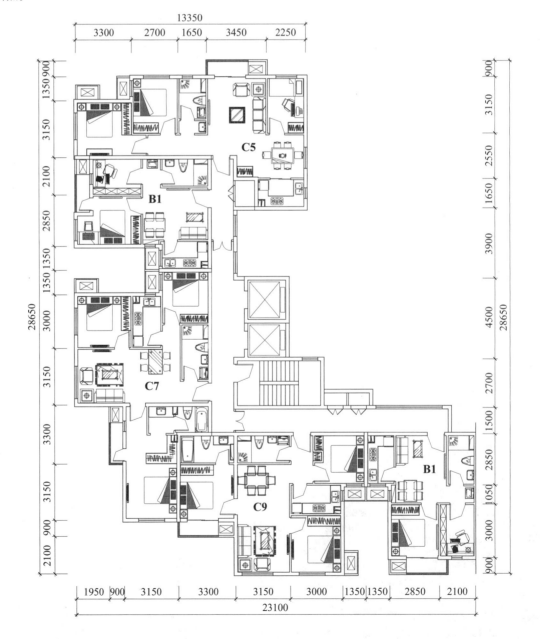

L 字楼 3
2 梯 5 户（拐角内廊式）

通廊式

C5+B1

● C5 户型设在楼座北端，充分利用三面采光。

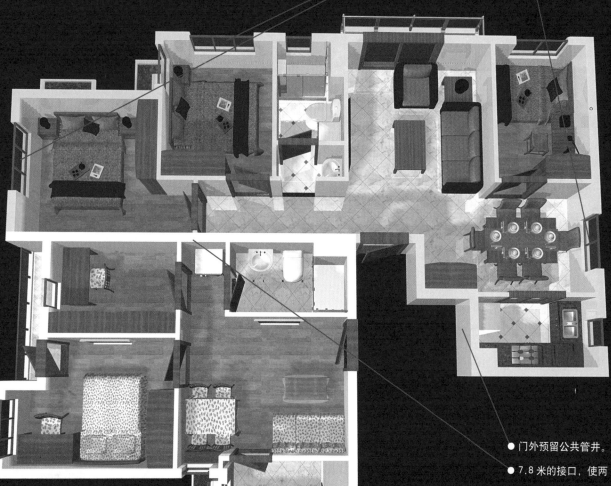

● 门外预留公共管井。

● 7.8 米的接口，使两户型完全对接。

L字楼 4
3梯16户（拐角内廊式）

通廊式

适用范围： 四面朝向的户型。定位于保障房中的公租房和商品房中的青年公寓。

楼座分析： 采用西北拐角内廊，楼座外立面整洁、规矩，风格简约。交通核位于中部，采用3部标准电梯，楼梯和电梯前室双开窗，并在走廊两端增设窗户，保持通透性。

户型布局： 户型中间为相同外形尺度的 A5 和 B1，北侧两端为两面采光的 A7-1、B4-1 户型和增加卫生间窗的 A5 户型，南端的两个 A7-4 户型，利用开槽增加卫生间窗。若扩大标准层面积时，可在 B1 或 A5 户型中间成对增加户型。

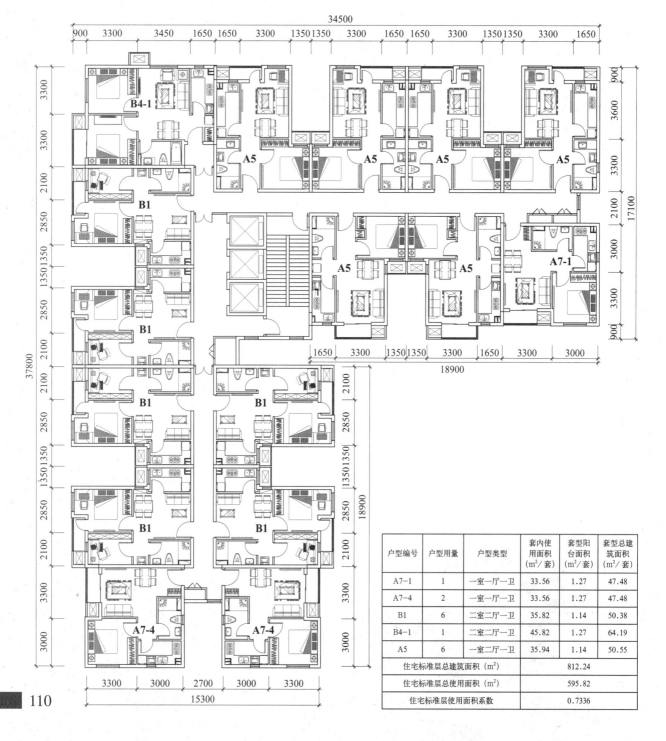

户型编号	户型用量	户型类型	套内使用面积（m²/套）	套型阳台面积（m²/套）	套型总建筑面积（m²/套）
A7-1	1	一室一厅一卫	33.56	1.27	47.48
A7-4	2	一室一厅一卫	33.56	1.27	47.48
B1	6	二室二厅一卫	35.82	1.14	50.38
B4-1	1	二室二厅一卫	45.82	1.27	64.19
A5	6	一室二厅一卫	35.94	1.14	50.55
住宅标准层总建筑面积（m²）			812.24		
住宅标准层总使用面积（m²）			595.82		
住宅标准层使用面积系数			0.7336		

L 字楼 4
3 梯 16 户（拐角内廊式）

通廊式

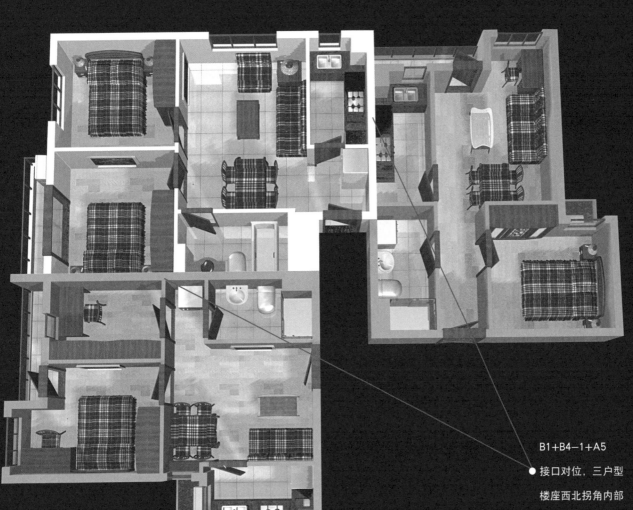

B1+B4—1+A5

● 接口对位，三户型
楼座西北拐角内部
整齐，外立面规矩。

L字楼5

3梯7户（拐角内廊式）

通廊式

适用范围：四面朝向的户型，西侧和北侧可连接其他住宅单元。

楼座分析：采用东南拐角内廊，2部标准电梯设在走廊中下部，1部宽电梯避免正对住户，分开设置在中部。

户型布局：B10-1和C4户型为腰套型：前者主卧朝东，可以获取东向的日照，客厅朝西，可以观赏社区园林；后者主要居室朝南，以保证充分日照。其余户型均为单向采光，其中C1户型小书房为走廊高窗通风，虽只能算作两居室，但具有三居室的功能。

户型编号	户型用量	户型类型	套内使用面积 (m²/套)	套型阳台面积 (m²/套)	套型总建筑面积 (m²/套)
A3-1	1	一室二厅一卫	35.29	2.49	53.57
B3	3	二室二厅一卫	44.69	1.27	65.16
B10-1	1	二室二厅二卫	52.88	1.26	76.76
C1	1	二室二厅二卫	53.76	1.29	78.05
C4	1	三室二厅一卫	60.44	2.28	88.93
住宅标准层总建筑面积（m²）			492.82		
住宅标准层总使用面积（m²）			347.57		
住宅标准层使用面积系数			0.7053		

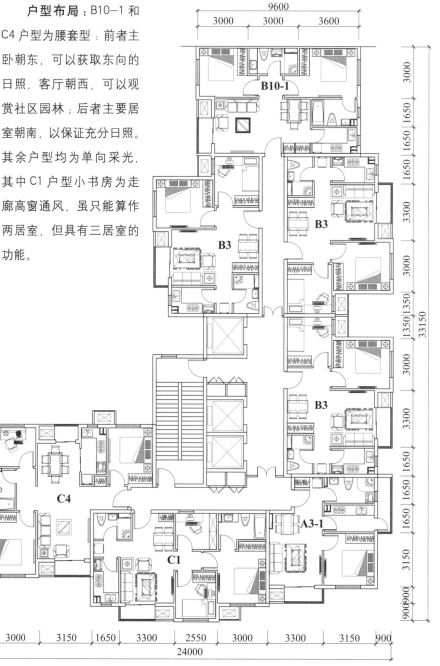

L字楼5
3梯7户（拐角内廊式）

通廊式

C4+C1

● 两户型错位对接，保持
外立面的阶梯式变化。

● C1户型小书房为走廊
高窗通风，虽只能算作
两居室，但具有三居室
的功能。

U字楼1B
3梯15户（拐角内廊式）

通廊式

适用范围： 楼座分A、B座，通过走廊连通，形成围合，适合布局中央花园。适于商住类楼。

楼座分析： 采用双45°拐角内廊，3部标准电梯和楼梯设在拐角中部，其中可以设置1部担架梯或消防梯。楼梯、走廊、端部均开窗，保持通风。楼座外立面整洁，A、B座完全对称。

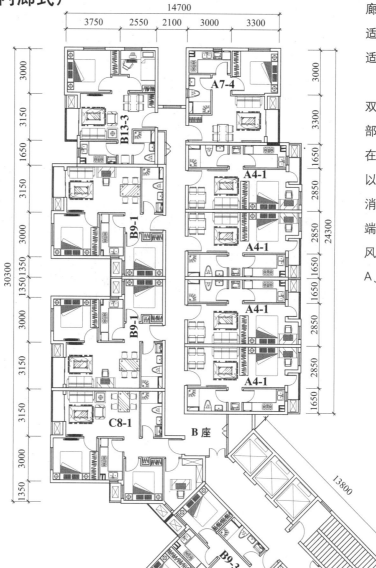

户型编号	户型用量	户型类型	套内使用面积（m²/套）	套型阳台面积（m²/套）	套型总建筑面积（m²/套）
A7-4	1	一室一厅一卫	33.56	1.27	47.77
A4-1	6	一室一卫	29.62	1.01	42.01
B9-1	4	二室二厅一卫	45.03	1.20	63.41
B9-3	1	二室二厅一卫	45.03	1.20	63.41
B13-3	1	二室二厅一卫	40.74	1.22	57.55
C8-1	2	三室二厅一卫	54.11	1.27	75.96
住宅标准层总建筑面积（m²）			826.34		
住宅标准层总使用面积（m²）			602.48		
住宅标准层使用面积系数			0.7291		

户型布局：外侧
基本为 B9-1、B9-3 户型，满足日照，内侧基本为合体一居的 A4-1 户型，对日照要求低一些，但内侧的中央园林景观具有一定的优势。朝向东西的两个 C8-1 户型，可以将两个卧室的窗户调整到南侧，保证充分的日照。

A、B 座中间对接后，形成 U 形楼座。

U字楼 1A
3 梯 15 户（拐角内廊式）

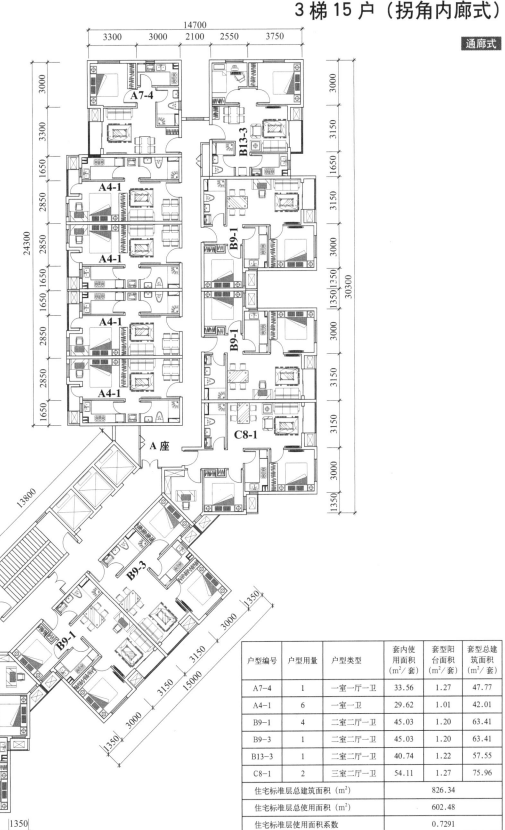

户型编号	户型用量	户型类型	套内使用面积（m²/套）	套型阳台面积（m²/套）	套型总建筑面积（m²/套）
A7-4	1	一室一厅一卫	33.56	1.27	47.77
A4-1	6	一室一卫	29.62	1.01	42.01
B9-1	4	二室二厅一卫	45.03	1.20	63.41
B9-3	1	二室二厅一卫	45.03	1.20	63.41
B13-3	1	二室二厅一卫	40.74	1.22	57.55
C8-1	2	三室二厅一卫	54.11	1.27	75.96
住宅标准层总建筑面积（m²）			826.34		
住宅标准层总使用面积（m²）			602.48		
住宅标准层使用面积系数			0.7291		

U字楼 2B
2梯9户（拐角外廊式）

通廊式

适用范围：南、西、东朝向的户型。楼座分A、B座，通过连通走廊形成围合，适合布局中央花园。定位于保障房中的公租房和商品房中的青年公寓。

楼座分析：采用东南或西南拐角外廊，每个楼座2部标准电梯，设在走廊拐角，低于六层可

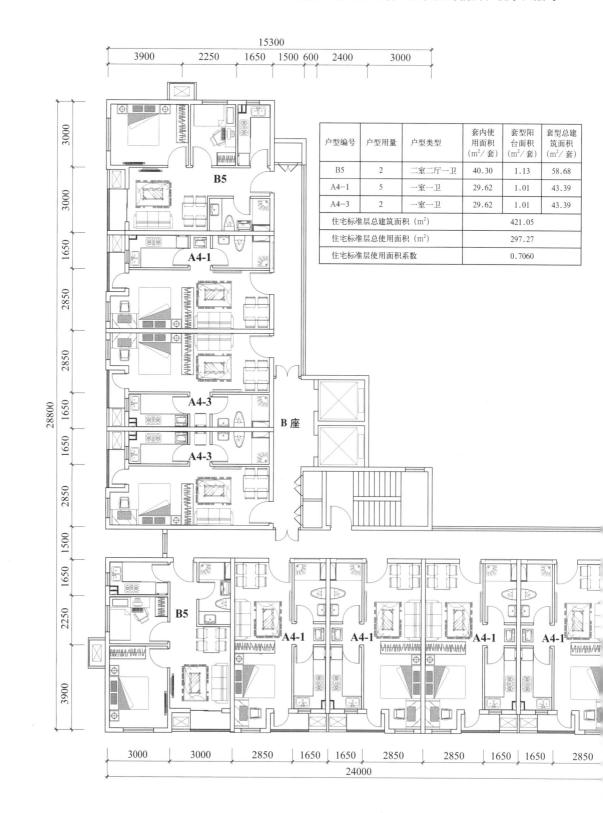

户型编号	户型用量	户型类型	套内使用面积（m²/套）	套型阳台面积（m²/套）	套型总建筑面积（m²/套）
B5	2	二室二厅一卫	40.30	1.13	58.68
A4-1	5	一室一卫	29.62	1.01	43.39
A4-3	2	一室一卫	29.62	1.01	43.39
住宅标准层总建筑面积（m²）			421.05		
住宅标准层总使用面积（m²）			297.27		
住宅标准层使用面积系数			0.7060		

以取消电梯。楼梯和走廊均开窗，通风良好。楼层若增加面积，可在中间插入新的户型。楼座外立面整洁，格局规矩，风格简约。

户型布局：A4-1、A4-3 户型为主，边角为 B5 户型。

U 字楼 2A
2 梯 9 户（拐角外廊式）

通廊式

户型编号	户型用量	户型类型	套内使用面积(m²/套)	套型阳台面积(m²/套)	套型总建筑面积(m²/套)
B5	2	二室二厅一卫	40.30	1.13	58.68
A4-1	5	一室一卫	29.62	1.01	43.39
A4-3	2	一室一卫	29.62	1.01	43.39
住宅标准层总建筑面积（m²）			421.05		
住宅标准层总使用面积（m²）			297.27		
住宅标准层使用面积系数			0.7060		

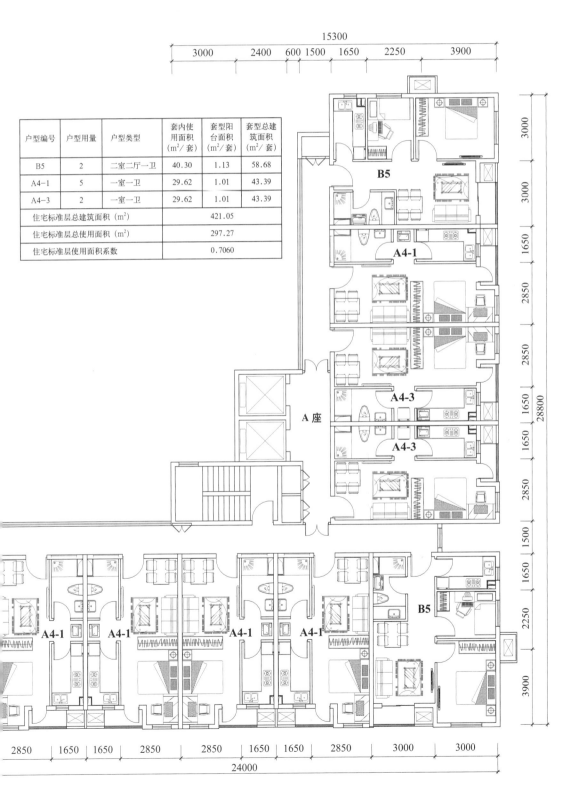

U字楼3
3梯10户（拐角内廊式）

通廊式

适用范围：中部交通核，通过两侧走廊连接南、西、东朝向的户型。

楼座分析：类似于点式塔楼，只是北侧开槽宽阔，为缩小版的U字楼。整体结构简洁，交通

核面积较大，设置2部标准电梯和1部宽电梯。

户型布局：楼座南侧4个户型与东、西侧二户型横竖错位对接，目的是使A7-1户型上面的A4-2户型利用书桌前的窗户获得南向日照。

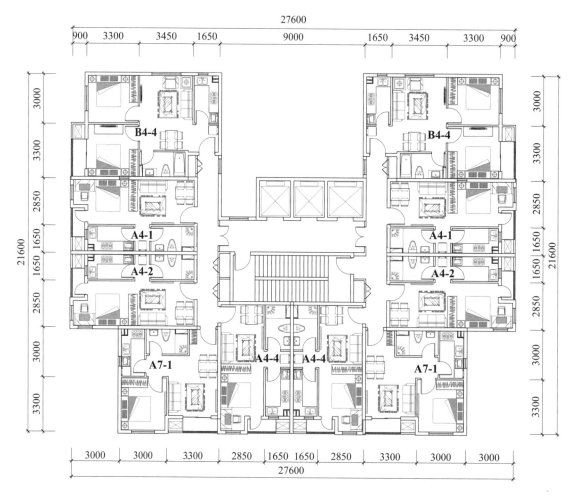

户型编号	户型用量	户型类型	套内使用面积 (m²/套)	套型阳台面积 (m²/套)	套型总建筑面积 (m²/套)
B4-4	2	二室二厅一卫	45.82	1.27	66.06
A7-1	2	一室一厅一卫	33.56	1.27	48.86
A4-1	2	一室一卫	29.62	1.01	42.97
A4-2	2	一室一卫	29.62	1.01	42.97
A4-4	2	一室一卫	29.62	1.01	42.97
住宅标准层总建筑面积（m²）			487.69		
住宅标准层总使用面积（m²）			347.62		
住宅标准层使用面积系数			0.7128		

U 字楼 3
3 梯 10 户（拐角内廊式）

通廊式

A4-2+A7-1

● 小书桌处开窗获得
了南向日照。

● 对接后，走廊平直。

U字楼4

2梯4户（直通内廊式）

通廊式

适用范围：中部交通核，通过横走廊连接南、西、东朝向的户型。

楼座分析：为结构方正的短通廊式楼，接近于口字楼，区别是后者北侧户型部分包住交通核，而前者则完全敞开。楼梯与电梯横向排开，充分利用北侧无日照面。电梯配备为2部标准梯。

户型布局：B13-6户型次卧直接对外，变成了两居，而厨卫一侧卡入C10户型的凹槽中，形成侧向咬合对接，保证大门直接对着走廊，减少公摊，便捷交通。

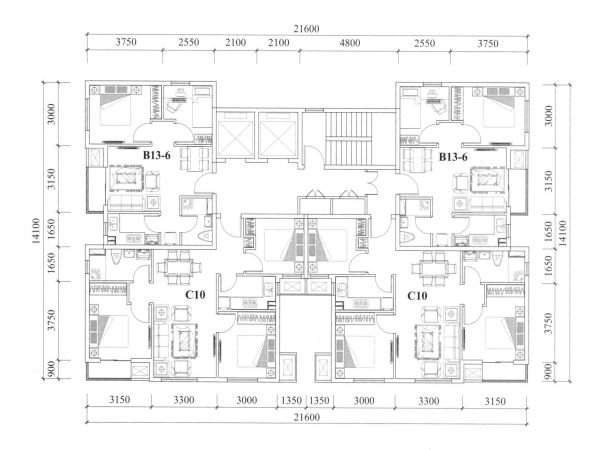

户型编号	户型用量	户型类型	套内使用面积（m²/套）	套型阳台面积（m²/套）	套型总建筑面积（m²/套）
C10	2	三室二厅一卫	59.91	1.20	82.53
B13-6	2	二室二厅一卫	40.74	1.22	56.66
住宅标准层总建筑面积（m²）			278.38		
住宅标准层总使用面积（m²）			206.14		
住宅标准层使用面积系数			0.7405		

U字楼 4
2梯4户（直通内廊式）

通廊式

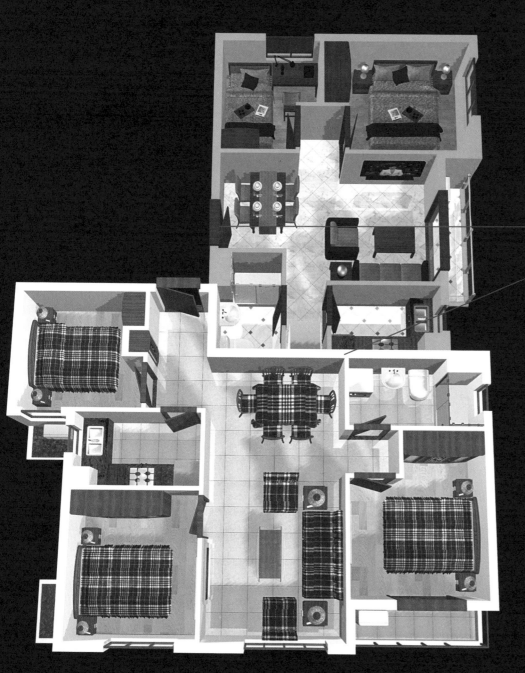

B13−6+C10

● 大门直接对着走廊，
便捷交通。

● B13−6 侧 面 卡 入
C10 户型的凹槽中，
形成侧向对接。

U字楼5
3梯10户（拐角外廊式）

通廊式

适用范围：中部交通核，通过横内廊连接东西外廊中的东、西朝向的户型。

楼座分析：为点式塔楼，北侧形成大凹槽。整体结构方正，楼梯与电梯背靠背，最大限度减少公摊，并充分利用北侧无日照面通风。电梯配备为2部标准梯加1部宽梯。

户型布局：B4-4户型占据四个角，中间插入对应套型A5户型，形成3个开槽。右上部3个户型因剪刀梯右移0.9米，使楼座不完全对称。

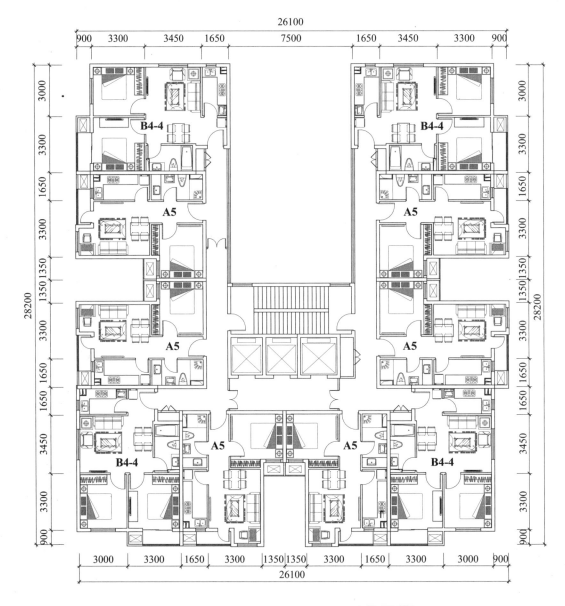

户型编号	户型用量	户型类型	套内使用面积（m²/套）	套型阳台面积（m²/套）	套型总建筑面积（m²/套）
A5	6	一室二厅一卫	35.94	1.14	52.32
B4-4	4	二室二厅一卫	45.82	1.27	66.45
住宅标准层总建筑面积（m²）			579.67		
住宅标准层总使用面积（m²）			410.84		
住宅标准层使用面积系数			0.7054		

U 字楼 5
3 梯 10 户（拐角外廊式）

通廊式

B4—4+A5

● 两户型直接对接，B4—4 户型大门外预留公共管井。

● 两户型阳台连在一起，保持外立面的整洁。

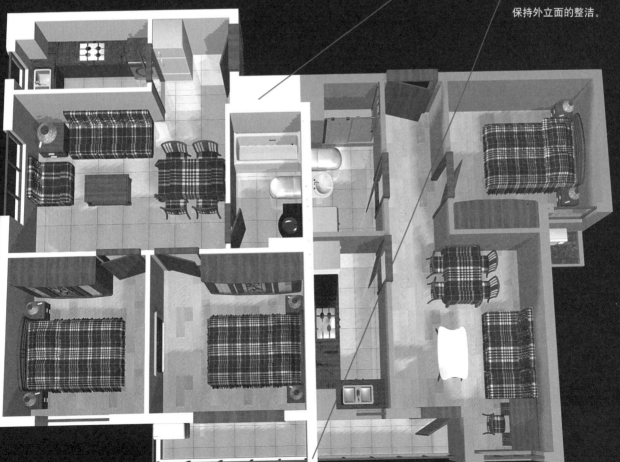

U字楼6

2梯6户（直通内廊式）

通廊式

适用范围：中部交通核，通过横内廊连接西、南、东朝向的户型。

楼座分析：为结构方正的点式塔楼，交通核充分利用北侧凹槽无日照面，电梯配备为2部标准梯。

户型布局：所有户型大门外都设置了公共管井。A3-1户型大门偏餐厅0.6米，是为了在门厅增加实用的衣柜，以及在门外设置公共管井。

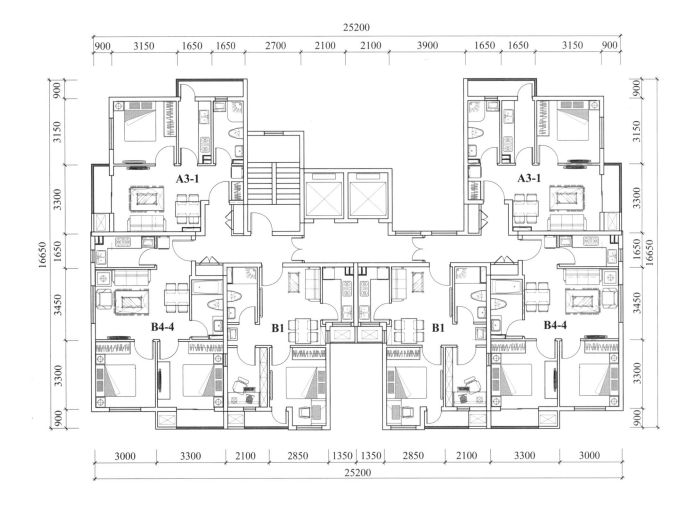

户型编号	户型用量	户型类型	套内使用面积（m²/套）	套型阳台面积（m²/套）	套型总建筑面积（m²/套）
A3-1	2	一室二厅一卫	35.29	2.49	51.70
B1	2	二室二厅一卫	35.82	1.14	50.57
B4-4	2	二室二厅一卫	45.82	1.27	64.44
住宅标准层总建筑面积（m²）			333.40		
住宅标准层总使用面积（m²）			243.66		
住宅标准层使用面积系数			0.7308		

U 字楼 6
2 梯 6 户（直通内廊式）

通廊式

B4—4+B1

● B4—4 户型大门外设公共
管井。

● 两户型阳台连在一起，使
外立面整洁、大方。

单元式

单元式住宅楼是由单个或多个住宅单元组合而成的，每个单元均设有楼梯、电梯，多套住宅围绕其布局，分纯板楼和板塔楼，前者全部由南北通透的腰套型组成，后者由南北通透的腰套型或尾套型和单面采光的足套型结合而成。本书中单元式住宅楼均为板塔楼。

结构规整

这类住宅与通廊式住宅的最大区别是每个单元面积相对较小，户型布置比较紧凑，楼座进深短、户型面宽大，同时兼顾节地和舒适的要求。通常1个单元设计1个交通核和2～6户住户。

楼座狭长

少部分单元式住宅设计为点式，各套型围绕一个楼梯和电梯分布，称为"独立单元式住宅"。与塔式的区别是：楼层总建筑面积小于塔式；边户型为通透的两面或三面采光户型。大部分单元式住宅设计为板式，一栋楼可有多个单元条式连接，因此，又称为"连续单元式住宅"。

板塔楼 1A／1B

1 梯 4 户

单元式

适用范围：适宜超小户型，单电梯或单跑步行梯、层高不大于 2.8 米的简易楼。定位于保障房中的公租房和商品房中的青年公寓。

楼座分析：A 型为单电梯加两跑步行梯，舒适度较高，适合高层；B 型为单跑步行梯，公摊少，适合六层以下。

户型布局：均为大开间一居，卧区、客区和餐区过渡自然，一气呵成。小书桌、标准双人床、两组衣柜、三人沙发、四人餐桌，保证了家庭的正常需要。A1-1、A1-2 户型虽然稍小，但明厨、明卫保证了南北通风，彰显了板楼的品质。尤其是 A1-2 户型，在餐厅前增加了侧窗，使门厅区域变得通透、明亮。

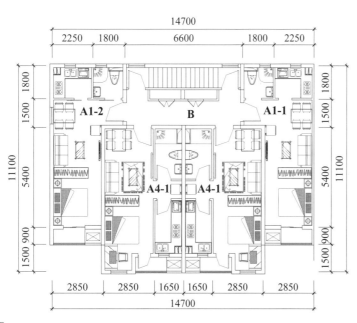

户型编号	户型用量	户型类型	套内使用面积（m²/套）	套型阳台面积（m²/套）	套型总建筑面积（m²/套）
A4-1	2	一室一卫	29.62	1.01	43.30
A1-1	1	一室一卫	26.13	1.35	38.85
A1-2	1	一室一卫	26.13	1.35	38.85
住宅标准层总建筑面积（m²）			164.29		
住宅标准层总使用面积（m²）			116.22		
住宅标准层使用面积系数			0.7074		

户型编号	户型用量	户型类型	套内使用面积（m²/套）	套型阳台面积（m²/套）	套型总建筑面积（m²/套）
A4-1	2	一室一卫	29.62	1.01	40.69
A1-1	1	一室一卫	26.13	1.35	36.35
A1-2	1	一室一卫	26.13	1.35	36.35
住宅标准层总建筑面积（m²）			149.37		
住宅标准层总使用面积（m²）			111.50		
住宅标准层使用面积系数			0.7465		

板塔楼 1A／1B
1 梯 4 户

单元式

A1−2+A4−1

● A1−2 户型的明厨、明卫，
保证了南北通风，使其
彰显了板楼的品质。

● 明餐厅提高了户型品质。

● A4−1 户型卧区的小书
桌极为实用。

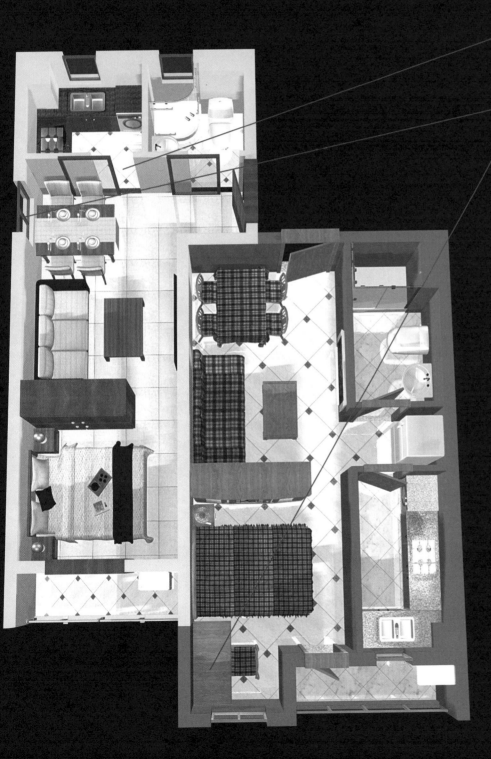

板塔楼 2A

1 梯 4 户

单元式

　　适用范围：多单元连体楼，适宜大一些的套型。

　　楼座分析：C4 户型为板楼部分，南北通透；B9-1、B9-3 户型为塔楼部分，全南朝向。电梯配备为 1 部标准梯或宽梯。楼座右侧可以连接其他单元。

　　户型布局：B9-1、B9-3 户型反向对接时，次卧采光夹角加大，观景视角变宽，C4 户型的客厅采光、观景夹角也随之加大。C4 户型处于边单元时，卫生间可增加窗户。

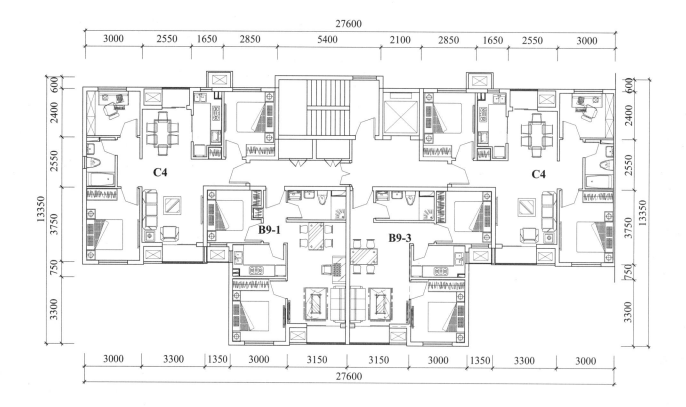

户型编号	户型用量	户型类型	套内使用面积（m²/套）	套型阳台面积（m²/套）	套型总建筑面积（m²/套）
B9-1	1	二室二厅一卫	45.03	1.20	61.98
B9-3	1	二室二厅一卫	45.03	1.20	61.98
C4	2	三室二厅一卫	60.44	2.28	84.09
住宅标准层总建筑面积（m²）			292.13		
住宅标准层总使用面积（m²）			217.90		
住宅标准层使用面积系数			0.7459		

板塔楼 2B
2 梯 4 户

单元式

适用范围：多单元连体楼，适宜大一些的套型。

楼座分析：C4 户型为板楼部分，南北通透；B9-1、B9-3 户型为塔楼部分，全南朝向。楼座右侧可以连接其他单元。与板塔楼 2A 不同的是，增加了 1 部标准电梯，并且电梯前厅独立并直接采光，但公摊也有所加大。

户型布局：B9-1、B9-3 户型反向对接时，次卧采光夹角加大，C4 户型的客厅采光夹角也加大。C4 户型处于边单元时，卫生间可增加窗户。

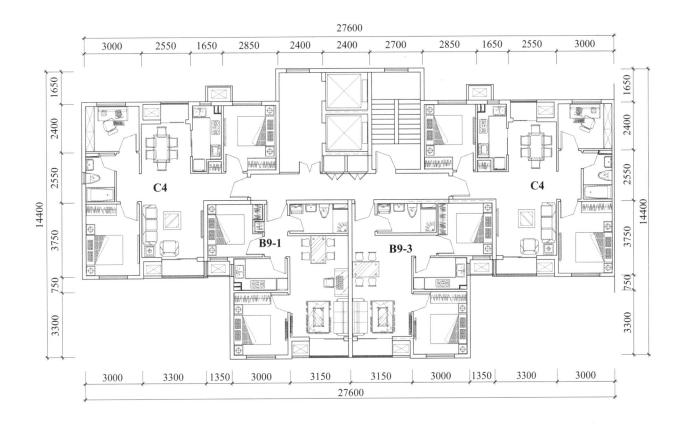

户型编号	户型用量	户型类型	套内使用面积（m²/套）	套型阳台面积（m²/套）	套型总建筑面积（m²/套）
B9-1	1	二室一厅一卫	45.03	1.20	64.39
B9-3	1	二室二厅一卫	45.03	1.20	64.39
C4	2	三室二厅一卫	60.44	2.28	87.35
住宅标准层总建筑面积（m²）			303.49		
住宅标准层总使用面积（m²）			217.90		
住宅标准层使用面积系数			0.7180		

板塔楼3
1梯4户

单元式

适用范围：多单元连体楼，适宜中等套型。

楼座分析：采用1部标准电梯，楼座右侧可以连接其他单元。南侧塔楼部分使用短进深的B13-4户型，板楼部分的B11户型与其错位较少，

因而采光视角加大。

户型布局：采用了南向单开间的B11板楼户型，使得该单元总面宽不大。B13-4户型的次卧为走廊高窗通风，相当于二居室。

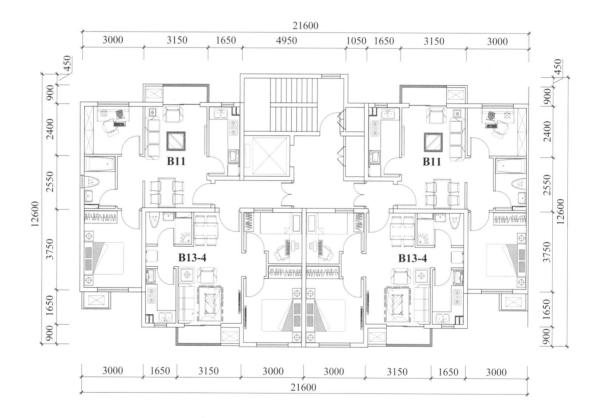

户型编号	户型用量	户型类型	套内使用面积（m²/套）	套型阳台面积（m²/套）	套型总建筑面积（m²/套）
B11	2	二室二厅一卫	45.52	1.24	62.26
B13-4	2	二室二厅一卫	40.74	1.22	55.86
住宅标准层总建筑面积（m²）			239.12		
住宅标准层总使用面积（m²）			179.60		
住宅标准层使用面积系数			0.7511		

板塔楼 3
1 梯 4 户

单元式

B11+B13-4

● 板楼部分的 B11 户型
与短进深的 B13-4 户
型错位较少，因而主
卧采光视角加大。

● B13-4 户型次卧采用
走廊高窗通风，相当
于二居室。

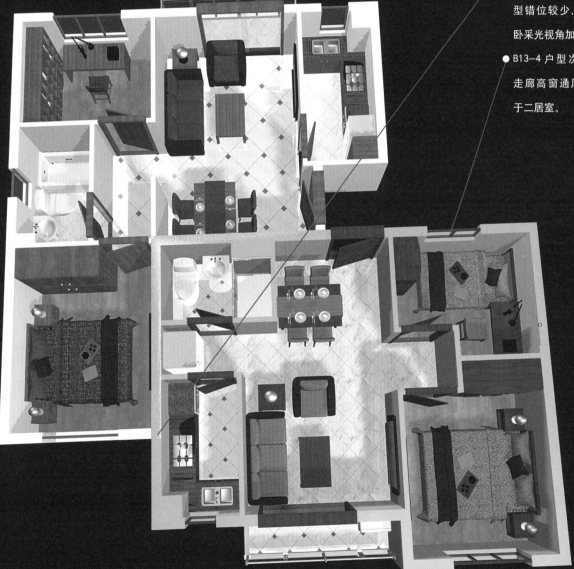

板塔楼 4
1 梯 4 户

单元式

适用范围：多单元连体楼，适用于小一些的套型。

楼座分析：由 4 个最小的 6.3 米方形模块户型组成的单元，总建筑面积也最为精巧，不足 200 平方米，右侧可以连接其他单元。板楼部分因能三面采光，故设置了与塔楼部分 A7-1 户型

同样尺度的 B8-1、B8-2 户型，保证其多样化。电梯采用 1 部标准梯或宽梯。

户型布局：边单元采用 B8-1 户型，保证西向或东向日照。中间部分则采用 B8-2 户型，保证连接顺畅。塔楼部分只能两面采光，采用 A7-1 户型。

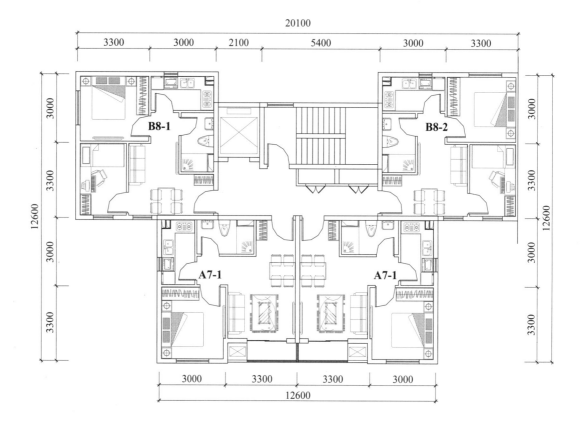

户型编号	户型用量	户型类型	套内使用面积(m²/套)	套型阳台面积(m²/套)	套型总建筑面积(m²/套)
A7-1	2	一室一厅一卫	33.56	1.27	48.88
B8-1	1	二室一厅一卫	36.02	0	50.55
B8-2	1	二室一厅一卫	36.02	0	50.55
住宅标准层总建筑面积（m²）			198.87		
住宅标准层总使用面积（m²）			141.70		
住宅标准层使用面积系数			0.7125		

板塔楼5
2梯7户

适用范围：多单元连体楼，适宜小一些的套型。

楼座分析：楼座右侧可以连接其他单元。在板塔楼4的基础上，中间插入A4-2和B13-1户型，同时增加1部标准电梯，形成明独立电梯前室，变成了板塔楼5。

户型布局：B8-1和B8-2户型中间插入A4-2户型，书桌前西向或东向的窗户可以获得日照。两个A7-1户型中间插入同样进深的B13-1户型，保持外立面整齐。

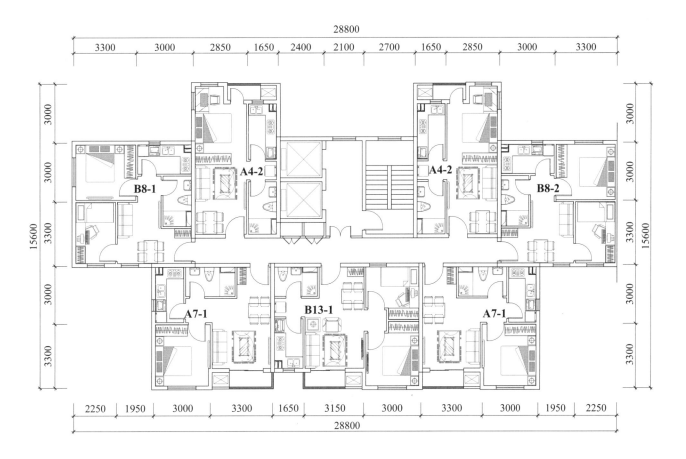

户型编号	户型用量	户型类型	套内使用面积（m²/套）	套型阳台面积（m²/套）	套型总建筑面积（m²/套）
B13-1	1	二室二厅一卫	40.74	1.22	58.16
B8-1	1	二室一厅一卫	36.02	0	49.92
B8-2	1	二室一厅一卫	36.02	0	49.92
A7-1	2	一室一厅一卫	33.56	1.27	48.27
A4-2	2	一室一卫	29.62	1.01	42.45
住宅标准层总建筑面积（m²）			339.45		
住宅标准层总使用面积（m²）			244.92		
住宅标准层使用面积系数			0.7215		

板塔楼6

1梯4户

单元式

适用范围：多单元连体楼，适宜大一些的套型。

楼座分析：采用北侧面宽较大的C2户型，对接后交通核埋在了中间，因此楼座腰部开槽通风。电梯配备为1部标准梯或宽梯。楼座右侧可以连接其他单元。

户型布局：C2户型对接后，中间留下了较宽的空间设置交通核。B5户型对接后，上端通过楼座侧向开槽联系窝在中间的交通核，同时设置走廊、楼梯通风窗。

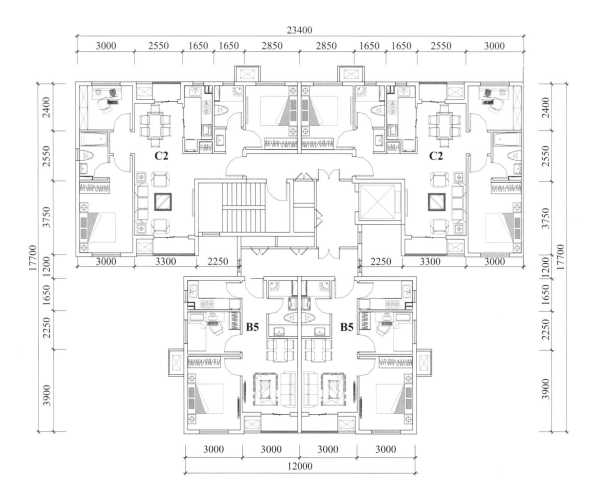

户型编号	户型用量	户型类型	套内使用面积（m²/套）	套型阳台面积（m²/套）	套型总建筑面积（m²/套）
B5	2	二室二厅一卫	40.30	1.13	57.06
C2	2	三室二厅二卫	65.85	2.28	93.83
住宅标准层总建筑面积（m²）			301.78		
住宅标准层总使用面积（m²）			219.12		
住宅标准层使用面积系数			0.7261		

板塔楼 6
1 梯 4 户

单元式

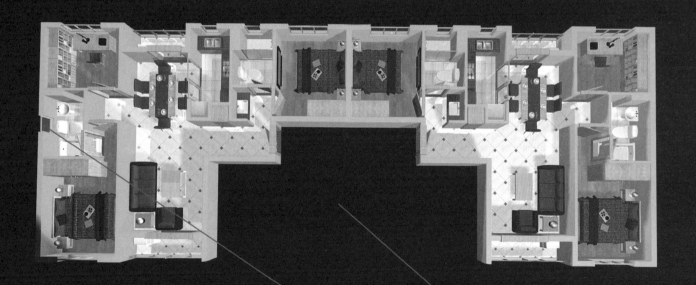

C2+C2

- 对接后，中间留
  下了较宽的空间
  设置交通核。

- 边单元卫生间增

板塔楼 7

2 梯 6 户

单元式

适用范围：多单元连体楼，适宜中等套型。

楼座分析：因南侧户型对接后面宽较大，所以北侧增加了两个 A4-2 户型。电梯配备为 2 部标准梯。楼座右侧可以连接其他单元。

户型布局：板楼部分为南北通透的 B14 户型，南北面宽接近，因而北侧增加了 A4-2 户型，书桌侧面的窗户可以部分接受东西日照，但与其他单元连接后，里侧的会有遮挡。反向对接的 C9 和 B9-1 户型，拓宽了相邻视角，可以使次卧获得小半天日照，同时 C9 主卧也会形成遮挡夹角。

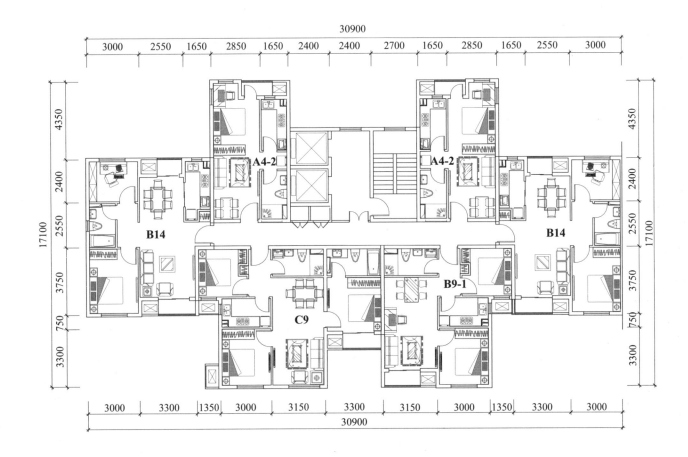

户型编号	户型用量	户型类型	套内使用面积 (m²/套)	套型阳台面积 (m²/套)	套型总建筑面积 (m²/套)
A4-2	2	一室一卫	29.62	1.01	42.13
B9-1	1	二室二厅一卫	45.03	1.20	63.59
C9	1	三室二厅二卫	61.82	1.27	86.78
B14	2	二室二厅一卫	49.67	2.28	71.46
住宅标准层总建筑面积（m²）			375.53		
住宅标准层总使用面积（m²）			274.48		
住宅标准层使用面积系数			0.7270		

板塔楼8
2梯6户

单元式

适用范围：多单元连体楼，适宜中等套型。

楼座分析：楼座右半边与板塔楼7一样，电梯厅变成间接采光。电梯配备采用2部标准梯。楼座右侧可以连接其他单元。

户型布局：较之板塔楼7，左侧板楼部分采用南北面宽相同的B12户型，南部塔楼部分的C9换成了B9-1，因而单元楼座面宽变窄，公摊也变小。北侧A4-2户型侧面书桌处的窗户，可以部分接受东向或西向的日照，但左侧增加单元后，里侧的会有遮挡。

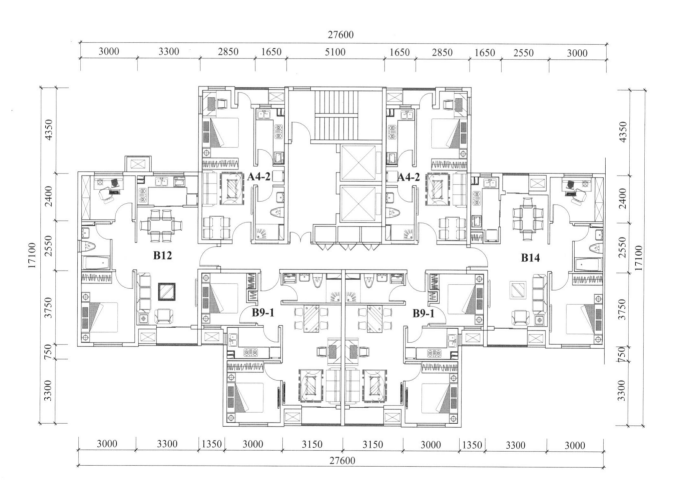

户型编号	户型用量	户型类型	套内使用面积（m²/套）	套型阳台面积（m²/套）	套型总建筑面积（m²/套）
A4-2	2	一室一卫	29.62	1.01	41.88
B9-1	2	二室二厅一卫	45.03	1.20	63.20
B12	1	二室二厅一卫	48.55	1.26	68.10
B14	1	二室二厅一卫	49.67	2.28	71.03
住宅标准层总建筑面积（m²）			349.32		
住宅标准层总使用面积（m²）			255.48		
住宅标准层使用面积系数			0.7314		

板塔楼 9

2 梯 4 户

单元式

适用范围：独单元楼座，适宜大些的套型。

楼座分析：楼座进深比较平均，2 部电梯既可以分开设置，也可以集中在一侧。

户型布局：两侧采用尾套型 C5，三面采光，南侧的 B9-3 户型正向对接，是为了侧面能与 C5 完全对接，保持结构平整。

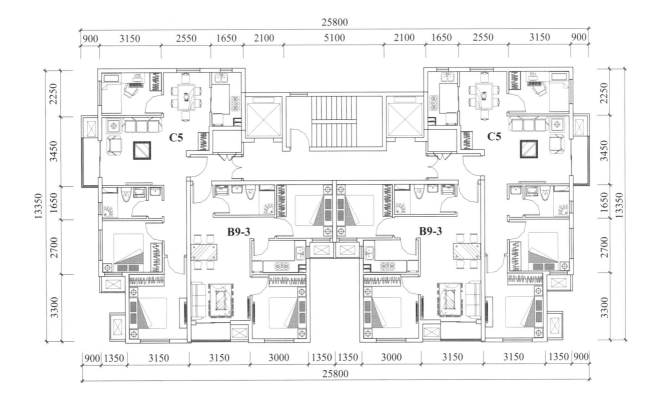

户型编号	户型用量	户型类型	套内使用面积 (m²/套)	套型阳台面积 (m²/套)	套型总建筑面积 (m²/套)
B9-3	2	二室二厅一卫	45.03	1.20	63.71
C5	2	三室二厅一卫	59.63	1.35	84.04
住宅标准层总建筑面积 (m²)			295.50		
住宅标准层总使用面积 (m²)			214.42		
住宅标准层使用面积系数			0.7256		

板塔楼 9
2 梯 4 户

单元式

B9−3+C5
● 门外预留公共
管井。
● 两户型完全对
接，保持结构
平整。

板塔楼 10
1 梯 4 户

单元式

适用范围：独单元楼座，适宜中等套型。

楼座分析：楼座为"T"字形，电梯和楼梯夹在中间，公摊极小。

户型布局：南侧采用一对 B4-2，中间卡入 1 部标准电梯，北侧采用 B4-4 户型，在卧室床头增加了小窄条窗，以获得南向日照。

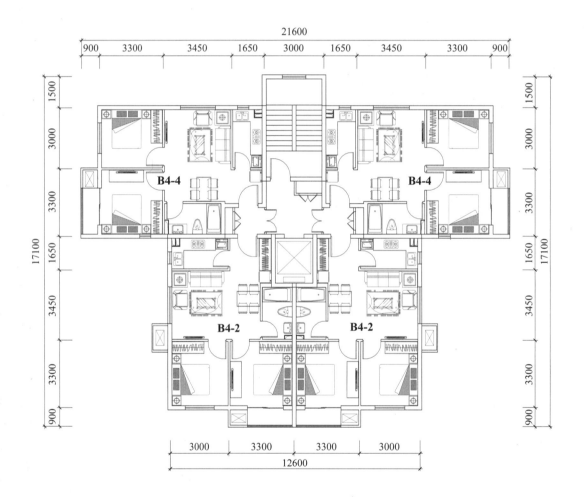

户型编号	户型用量	户型类型	套内使用面积 (m²/套)	套型阳台面积 (m²/套)	套型总建筑面积 (m²/套)
B4-2	2	二室二厅一卫	46.39	1.27	62.35
B4-4	2	二室二厅一卫	45.82	1.27	61.60
住宅标准层总建筑面积（m²）			247.92		
住宅标准层总使用面积（m²）			189.50		
住宅标准层使用面积系数			0.7644		

板塔楼 11
1梯4户

单元式

适用范围：独单元楼座，适宜中等套型。

楼座分析：楼座为"T"字形，电梯夹在两个 A3-2 户型中间，楼梯横向设置，公摊稍大。

户型布局：上端两侧采用 B4-4 户型，主卧床头增加了小窄条窗，以获得南向日照。南侧的短进深 A3-2 户型，对接后卡入1部标准电梯。

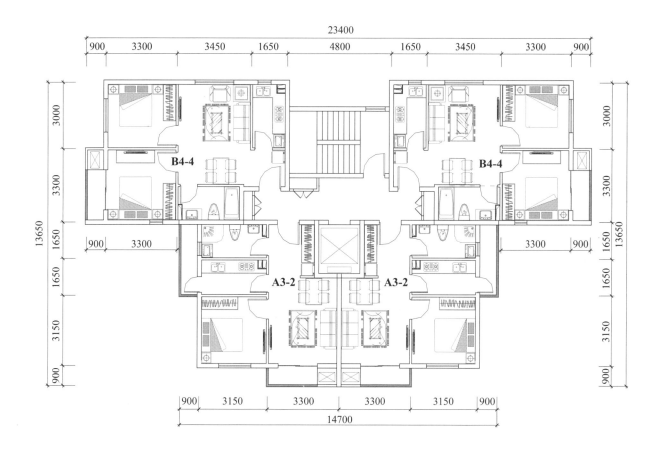

户型编号	户型用量	户型类型	套内使用面积（m²/套）	套型阳台面积（m²/套）	套型总建筑面积（m²/套）
A3-2	2	一室二厅一卫	35.86	2.49	51.32
B4-4	2	二室二厅一卫	45.82	1.27	63.02
住宅标准层总建筑面积（m²）			228.70		
住宅标准层总使用面积（m²）			170.88		
住宅标准层使用面积系数			0.7472		

塔式

塔式住宅楼以共用楼梯、电梯为核心，布置多套住宅。与单元式不同的是，户型中没有南北或东西通透的腰套型，多为头套型、足套型和尾套型，以及对应套型和转角套型等。塔式住宅楼分为井字楼、风车楼、鹰形楼、蝶形楼、口字楼、斜向楼等。

厚重与轻盈

塔式住宅通常户数为 4 ～ 12 户，围绕交通核布置，楼座的进深比起单元式来要大不少，楼层总建筑面积也要多许多，因而显得厚重。考虑到兼顾不同方向的采光、日照，楼体开槽会多一些，因此体形系数会大。

由于塔式建筑为点式，不像单元式建筑容易形成长条的线式，因此在社区布局时，塔式建筑呈柱式，交错设置，无论是建筑还是园林，都会显得轻盈、多变。而单元式建筑呈板式，建筑和园林多数为兵营式排列，多少显得有些呆板。

电梯与楼梯

单元式因户数和总面积较少，多采用 1 ～ 2 部电梯和两跑楼梯，交通核面积相对小一些；而塔式因户数和总面积较多，多采用 2 ～ 4 部电梯和剪刀梯，交通核面积相对大一些。

井字楼1

3梯8户（拐角内廊式）

塔 式

适用范围：中部交通核，通过西南、西北拐角内廊连接四面朝向的户型。

楼座分析：点式塔楼，四面对称布局，是香港、广东地区的流行设计。交通核集中在中部，电梯配备为2部标准梯和1部宽梯，公摊较少，走廊四角留出了家具迂回空间，并在楼体四面开槽解决了公共走廊以及厨卫的通风。

户型布局：8个户型相同，区别是窗户的朝向和位置，用以调节互视和日照。所有户型客厅45°角对接，减少了互视几率，但部分尺寸不合模数。

户型编号	户型用量	户型类型	套内使用面积（m²/套）	套型阳台面积（m²/套）	套型总建筑面积（m²/套）
C14-1	1	二室（半）二厅二卫	62.66	1.27	84.77
C14-2	3	二室（半）二厅二卫	62.66	1.27	84.77
C14-3	3	二室（半）二厅二卫	62.66	1.27	84.77
C14-4	1	二室（半）二厅二卫	62.66	1.27	84.77
住宅标准层总建筑面积（m²）			678.16		
住宅标准层总使用面积（m²）			511.44		
住宅标准层使用面积系数			0.7542		

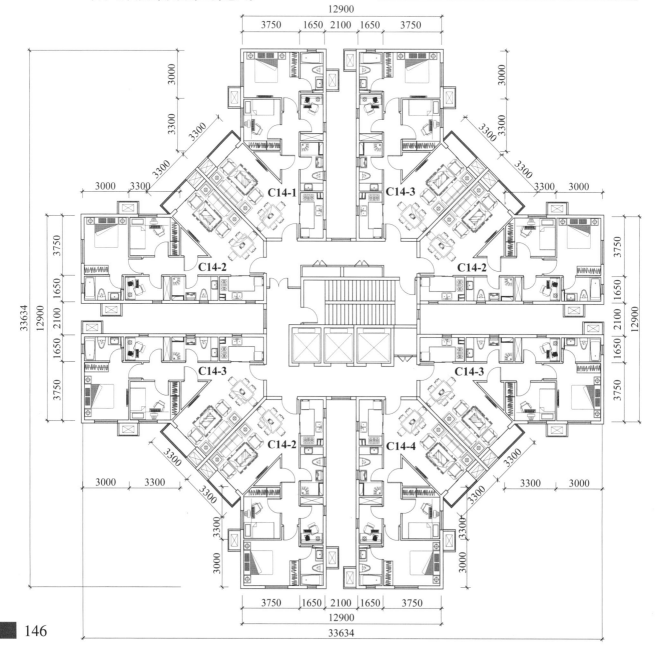

井字楼 1
3梯8户（拐角内廊式）

塔 式

C14-3+C14-2

● 两户型 45° 角
对接，减少了互
视几率。

● 小书房和厨卫
窗户与开槽相
对户型窗户错
位，避免互视。

井字楼 2B
3梯7户（拐角内廊式）

　　适用范围：中部交通核，通过西南、西北或东南、东北拐角内廊连接四面朝向的户型。

　　楼座分析：A、B座为对称点式塔楼。南侧可以布局中央花园，北侧为大楼入口和公共大堂，标准层走廊留有公共露台。交通核集中在每座的中部，采用2部标准梯和1部宽梯。

户型编号	户型用量	户型类型	套内使用面积（m²/套）	套型阳台面积（m²/套）	套型总建筑面积（m²/套）
C14-1	1	二室（半）二厅二卫	62.66	1.27	87.22
C14-2	2	二室（半）二厅二卫	62.66	1.27	87.22
C14-3	1	二室（半）二厅二卫	62.66	1.27	87.22
C14-4	1	二室（半）二厅二卫	62.66	1.27	87.22
C14-5	1	二室（半）二厅二卫	62.66	1.27	87.22
C13-1	1	三室（半）二厅二卫	65.07	1.27	90.47
住宅标准层总建筑面积（m²）			613.77		
住宅标准层总使用面积（m²）			449.92		
住宅标准层使用面积系数			0.7330		

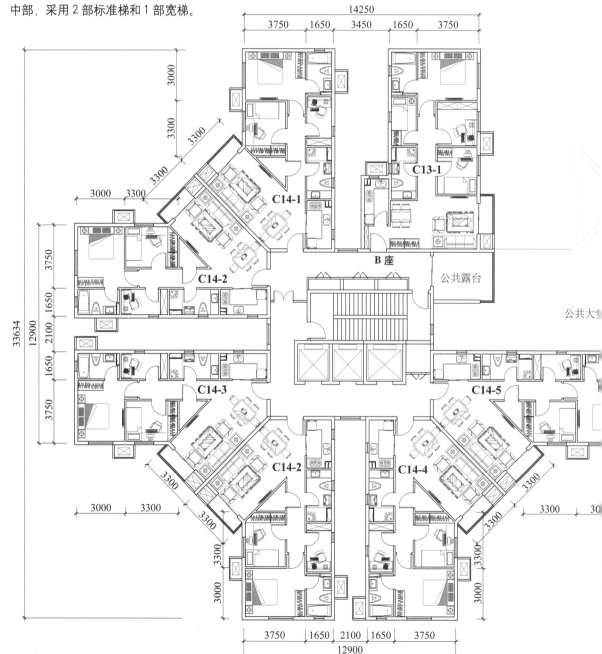

户型编号	户型用量	户型类型	套内使用面积（m²/套）	套型阳台面积（m²/套）	套型总建筑面积（m²/套）
C14-1	1	二室（半）二厅二卫	62.66	1.27	87.22
C14-2	2	二室（半）二厅二卫	62.66	1.27	87.22
C14-3	1	二室（半）二厅二卫	62.66	1.27	87.22
C14-4	1	二室（半）二厅二卫	62.66	1.27	87.22
C14-5	1	二室（半）二厅二卫	62.66	1.27	87.22
C13-1	1	三室（半）二厅二卫	65.07	1.27	90.47
住宅标准层总建筑面积（m²）			613.77		
住宅标准层总使用面积（m²）			449.92		
住宅标准层使用面积系数			0.7330		

井字楼 2A
3 梯 7 户（拐角内廊式）

塔式

　　户型布局：每座户型为 3/4 的井字楼 1 加上 C13-1 户型。C14-1 和 C13-1 户型的空间尺度基本相同，不同的是 C13-1 户型增加了次卧，去掉了储藏间。

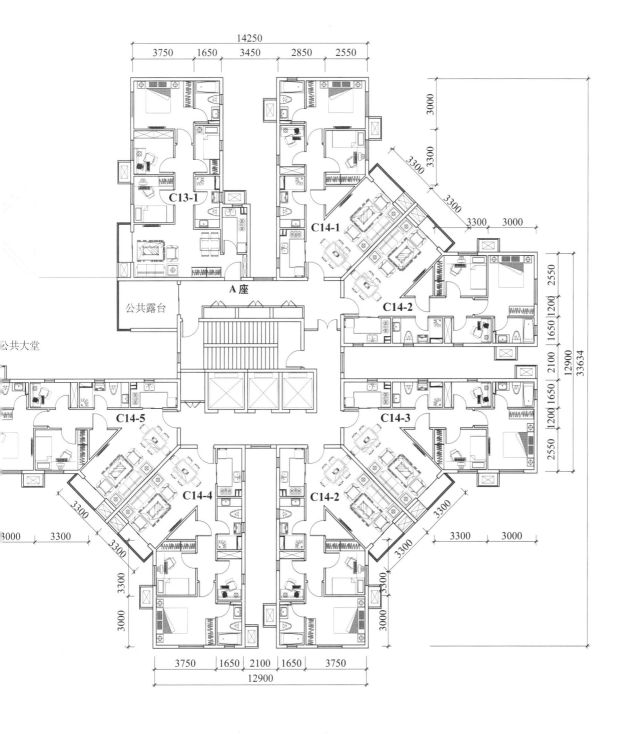

井字楼 3
2 梯 6 户（拐角内廊式）

共走廊、厨卫全部由两侧凹槽通风。

户型布局：与井字楼 1 一梯，C14-3 与 C14-2 户型 45° 角对接部分尺寸不合模数。

　　适用范围：中部交通核，通过东西拐角内廊连接四面朝向的户型。

　　楼座分析：点式塔楼，楼座南半部为井字楼的一半，北半部为蝶形楼下翅的反向，是香港、广东地区的流行设计。交通核集中在中部，由 C12-2 户型对接留出了 2 部标准电梯的卡位，公

户型编号	户型用量	户型类型	套内使用面积（m²/套）	套型阳台面积（m²/套）	套型总建筑面积（m²/套）
C12-2	2	三室二厅二卫	62.03	1.33	84.26
C14-2	1	二室（半）二厅二卫	62.66	1.27	85.01
C14-3	2	二室（半）二厅二卫	62.66	1.27	85.01
C14-4	1	二室（半）二厅二卫	62.66	1.27	85.01
住宅标准层总建筑面积（m²）			508.56		
住宅标准层总使用面积（m²）			382.44		
住宅标准层使用面积系数			0.7520		

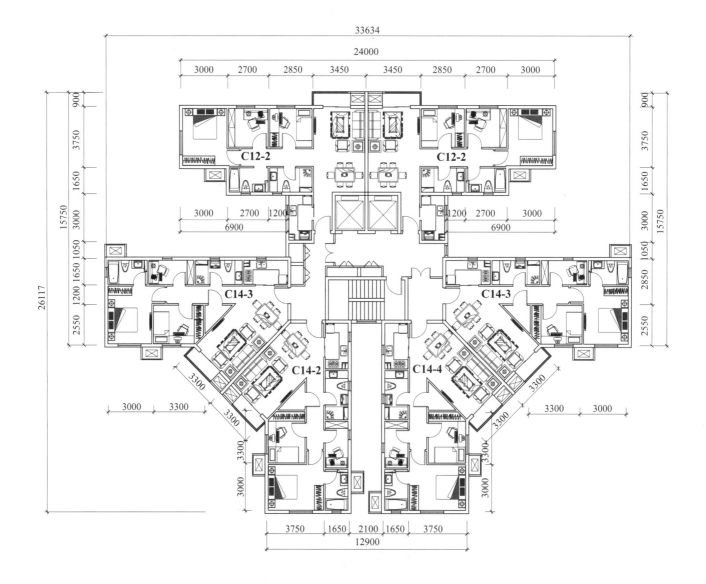

井字楼 3
2 梯 6 户（拐角内廊式）

塔　式

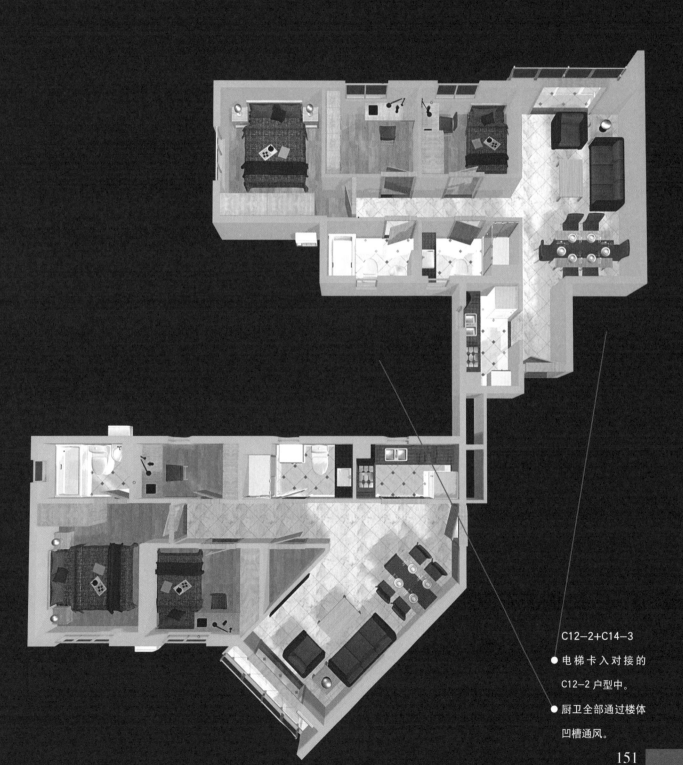

C12-2+C14-3

● 电梯卡入对接的
C12-2 户型中。

● 厨卫全部通过楼体
凹槽通风。

风车楼1
3梯8户（拐角外廊式）

塔式

适用范围：中部交通核，通过斜向工字形外廊连接四面朝向的户型。

楼座分析：为点式塔楼，楼座外立面整洁，类似公建，为香港、广东地区的流行设计。交通核集中在中部，采用2部标准梯和1部宽梯，走廊、厨卫全部由里侧凹槽通风。

户型布局：C11系列与B15系列户型的差异只在一个书房，两户型对接组成的模块形成了风车的一轮。短进深、全明卫，四翼互相咬合，使得户型通透，楼座稳重。

户型编号	户型用量	户型类型	套内使用面积（m²/套）	套型阳台面积（m²/套）	套型总建筑面积（m²/套）
C11-1	2	三室二厅二卫	60.05	1.27	85.26
C11-2	2	三室二厅二卫	60.05	1.27	85.26
B15-1	2	二室二厅一卫	47.28	1.27	67.51
B15-2	2	二室二厅一卫	47.28	1.27	67.51
住宅标准层总建筑面积（m²）			611.09		
住宅标准层总使用面积（m²）			439.48		
住宅标准层使用面积系数			0.7192		

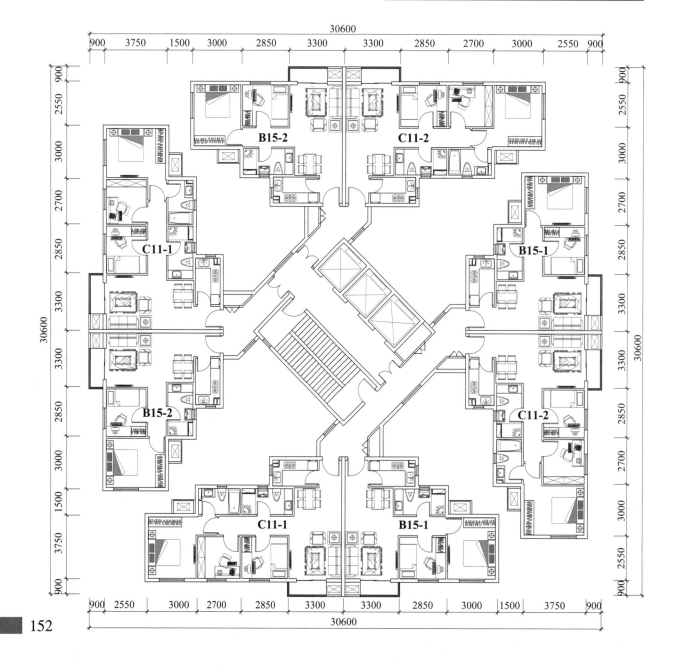

风车楼2
3梯8户（拐角外廊式）

适用范围：中部交通核，通过斜向工字形外廊连接四面朝向的户型。

楼座分析：为点式塔楼，楼座外立面整洁，

类似公建，为香港、广东地区的流行设计。交通核集中在中部，采用2部标准梯和1部宽梯。公共走廊、厨卫全部由里侧凹槽通风。

户型布局：与风车楼1相比，楼座外尺寸不变，只是每个风车轮的户型由差异组合变成了相同组合，即C11+C11户型和B15+B15户型。

户型编号	户型用量	户型类型	套内使用面积 (m²/套)	套型阳台面积 (m²/套)	套型总建筑面积 (m²/套)
C11-1	2	三室二厅二卫	60.05	1.27	85.26
C11-2	2	三室二厅二卫	60.05	1.27	85.26
B15-1	2	二室二厅一卫	47.28	1.27	67.51
B15-2	2	二室二厅一卫	47.28	1.27	67.51
住宅标准层总建筑面积 (m²)			611.09		
住宅标准层总使用面积 (m²)			439.48		
住宅标准层使用面积系数			0.7192		

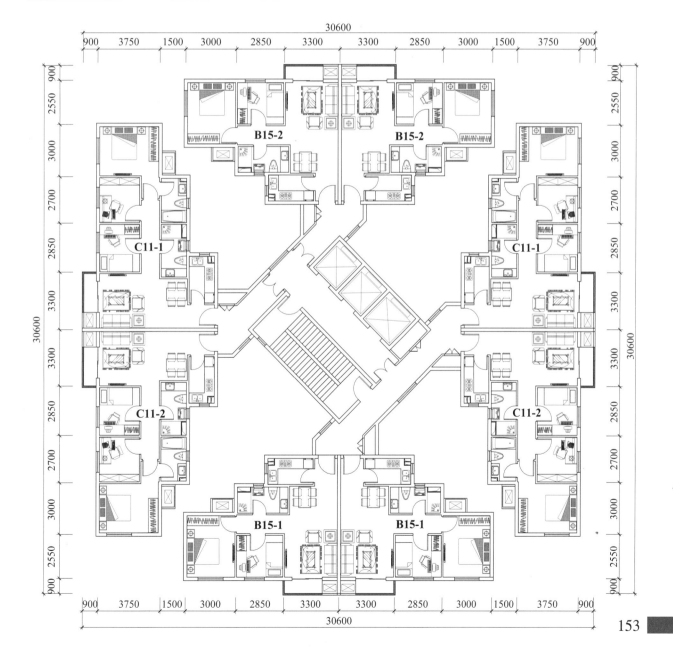

鹰形楼1
3梯7户（拐角内廊式）

塔式

适用范围：中部交通核，通过东南、西南"V"形拐角内廊连接45°角朝向的户型。

楼座分析：为点式塔楼，楼座横向展开，造型动感十足，日照丰富。交通核集中在中部，采用3部标准电梯，"V"形拐角内廊连接各个户型。

楼座东北部凹槽，满足了交通核的通风。

户型布局：B9-3+A3-1+B9-3 户型均对称折角，使得鹰肚外立面造型挺拔。

户型编号	户型用量	户型类型	套内使用面积(m²/套)	套型阳台面积(m²/套)	套型总建筑面积(m²/套)
A2-2	2	一室二厅一卫	31.16	1.14	45.26
A3-1	1	一室二厅一卫	35.29	2.49	52.94
B9-3	2	二室二厅一卫	45.03	1.20	64.78
C6	2	三室二厅一卫	62.34	1.35	89.25
住宅标准层总建筑面积（m²）			455.43		
住宅标准层总使用面积（m²）			325.00		
住宅标准层使用面积系数			0.7136		

适用范围：中部交通核，通过东南、西南"V"形拐角内廊连接45°角朝向的户型。

楼座分析：为点式塔楼，楼座横向展开，造

户型编号	户型用量	户型类型	套内使用面积（m²/套）	套型阳台面积（m²/套）	套型总建筑面积（m²/套）
A2-2	2	一室二厅一卫	31.16	1.14	45.26
C9	1	三室二厅二卫	61.82	1.27	88.41
C7	1	三室二厅二卫	68.71	1.22	98.00
C6	2	三室二厅一卫	62.34	1.35	89.25
住宅标准层总建筑面积（m²）			455.43		
住宅标准层总使用面积（m²）			325.00		
住宅标准层使用面积系数			0.7136		

鹰形楼2
3梯6户（拐角内廊式）

塔　式

型动感十足，日照丰富。交通核集中在中部，采用3部标准电梯，"V"形拐角内廊连接各个户型。楼座北部凹槽，满足了交通核的通风。

户型布局：C7+C9户型为两个三居室，是B9-3+A3-1+B9-3户型的变版，目的是在同位置不同层配备不同的户型。

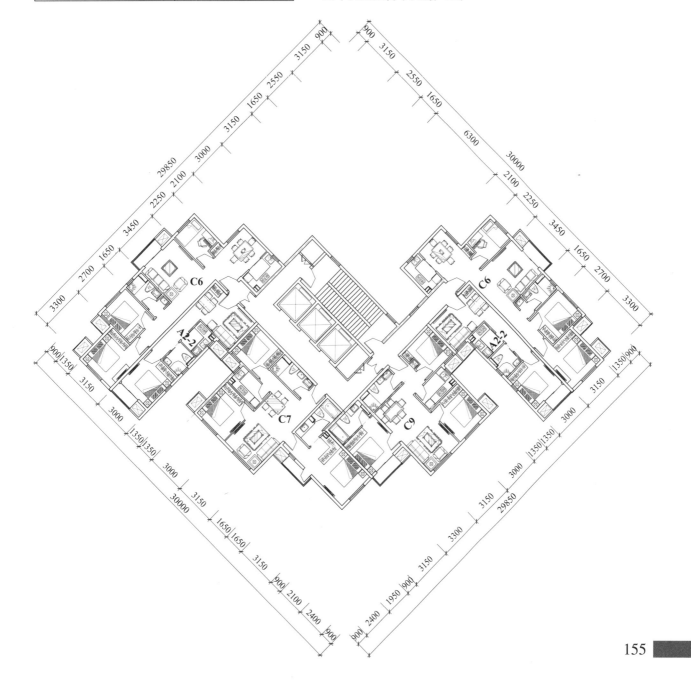

鹰形楼3

3梯10户（拐角内廊式）

塔式

适用范围：中部交通核，通过东北、西北拐角内廊连接四面朝向的户型。适于斜向楼。

楼座分析：为点式塔楼，厚重的外形适合高层住宅林立的大社区。楼座北部凹槽满足了交通核和A5卫生间的通风。C8-1户型对接，大门外的卡口正好放置3部标准电梯。

户型布局：C2+A5户型，使得鹰翅北侧得以充分利用。同时A5户型利用外墙增加开窗。

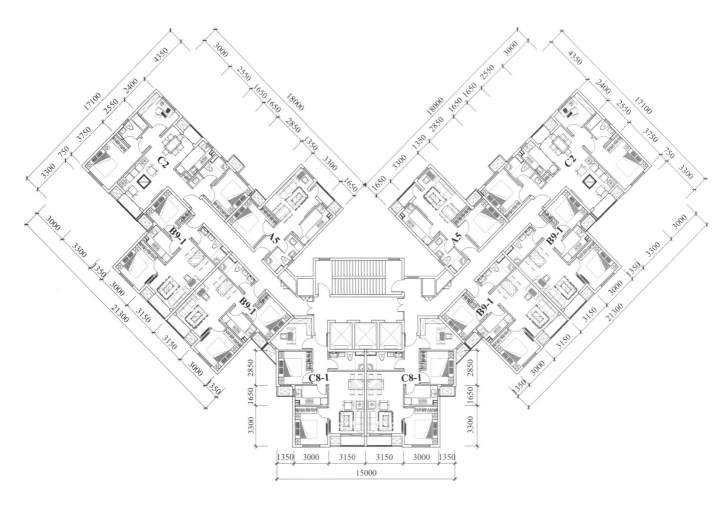

户型编号	户型用量	户型类型	套内使用面积（m²/套）	套型阳台面积（m²/套）	套型总建筑面积（m²/套）
A5	2	一室二厅一卫	35.94	1.14	50.09
B9-1	4	二室二厅一卫	45.03	1.20	62.46
C2	2	三室二厅二卫	65.85	2.28	92.04
C8-1	2	三室二厅一卫	54.11	1.27	74.82
住宅标准层总建筑面积（m²）			683.71		
住宅标准层总使用面积（m²）			506.10		
住宅标准层使用面积系数			0.7402		

鹰形楼 3
3 梯 10 户（拐角内廊式）

塔 式

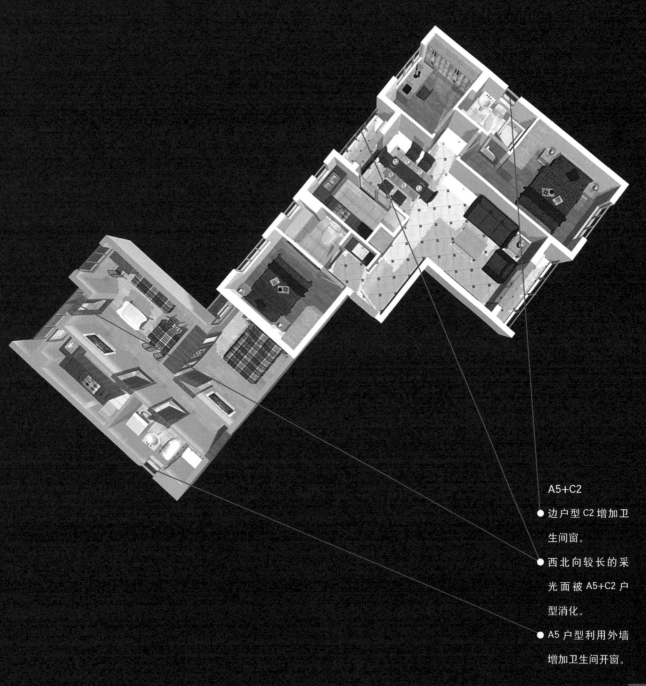

A5+C2

● 边户型 C2 增加卫
生间窗。

● 西北向较长的采
光面被 A5+C2 户
型消化。

● A5 户型利用外墙
增加卫生间开窗。

鹰形楼4
2梯6户（拐角内廊式）

塔 式

适用范围：中部交通核，通过东南、西南拐角内廊连接四面朝向的户型。

楼座分析：为点式塔楼，厚重的外形适合高层住宅林立的大社区。楼座中间开槽，满足了两侧C14-2和C14-4户型的厨卫及交通核的通风。

户型布局：B13-4+C14-2（C14-4）户型完全对接，使鹰翅平展，采光、观景充分。开槽内相对的C14-4、C14-2户型厨卫及小书房窗户错位，避免互视。

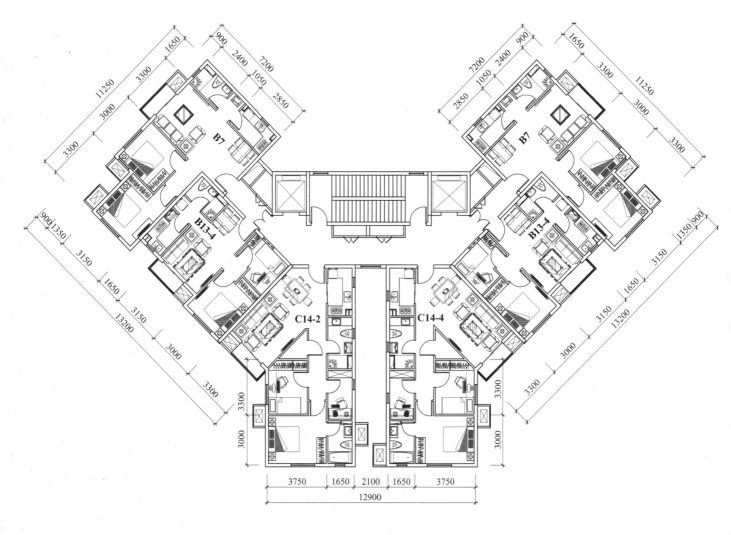

户型编号	户型用量	户型类型	套内使用面积（m²/套）	套型阳台面积（m²/套）	套型总建筑面积（m²/套）
C14-2	1	二室（半）二厅二卫	62.66	1.27	89.59
C14-4	1	二室（半）二厅二卫	62.66	1.27	89.59
B7	2	二室二厅一卫	50.53	1.27	72.63
B13-4	2	一室二厅一卫	40.74	1.22	58.80
住宅标准层总建筑面积（m²）			441.99		
住宅标准层总使用面积（m²）			315.42		
住宅标准层使用面积系数			0.7136		

鹰形楼 4
2梯6户（拐角内廊式）

塔　式

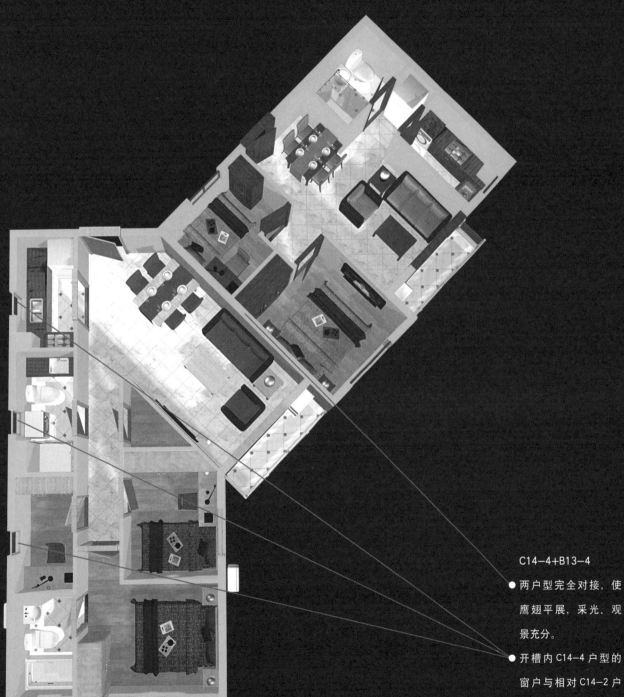

C14—4+B13—4

● 两户型完全对接，使鹰翅平展，采光、观景充分。

● 开槽内 C14—4 户型的窗户与相对 C14—2 户型错位，避免互视。

鹰形楼5
3梯6户（拐角内廊式）

塔 式

适用范围：中部交通核，通过东南、西南拐角内廊连接45°角朝向的户型。

楼座分析：为点式塔楼，厚重的外形适合高层住宅林立的大社区。交通核集中在中部，拐角

内廊连接各个户型。两个C8-1户型对接时，凹口卡入了3部标准电梯。

户型布局：C2和B9-1户型实际为板塔楼的组合，偏转45°角后成为了鹰形的一翅。

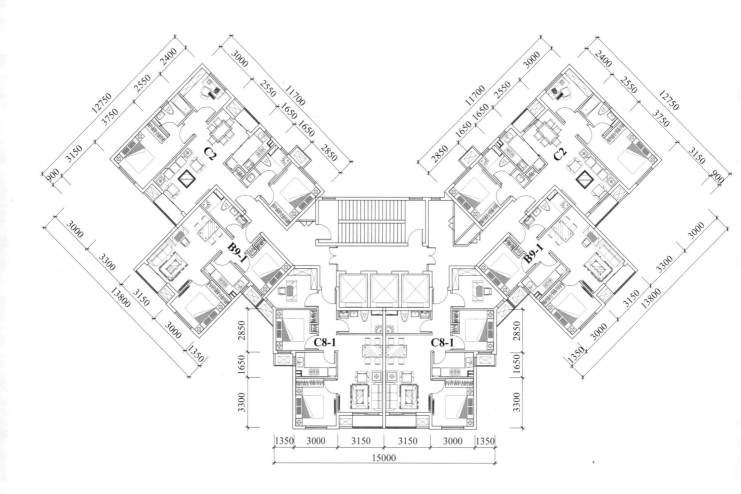

户型编号	户型用量	户型类型	套内使用面积(m²/套)	套型阳台面积(m²/套)	套型总建筑面积(m²/套)
C8-1	2	三室二厅一卫	54.11	1.27	76.84
C2	2	三室二厅二卫	65.85	2.28	94.53
B9-1	2	二室二厅一卫	45.03	1.20	64.15
住宅标准层总建筑面积（m²）			471.02		
住宅标准层总使用面积（m²）			339.48		
住宅标准层使用面积系数			0.7207		

鹰形楼6
2梯6户（拐角外廊式）

塔　式

适用范围：中部交通核，通过东南、西南拐角外廊连接45°角朝向的户型。

楼座分析：为点式塔楼，厚重的外形适合高层住宅林立的大社区。交通核集中在中部，C8-1和B2户型对接时，凹口可卡入2部标准电梯。

户型布局：该楼座最大的特点是6个户型完全不同。左翅C5和B1户型采用横向对接，右翅C10和B13-3采用转角对接（也可以将B13-3户型换成B13-5户型，使主卧窗户朝向东北），加上C8-1和B2反向对接，楼座整体比较平衡。

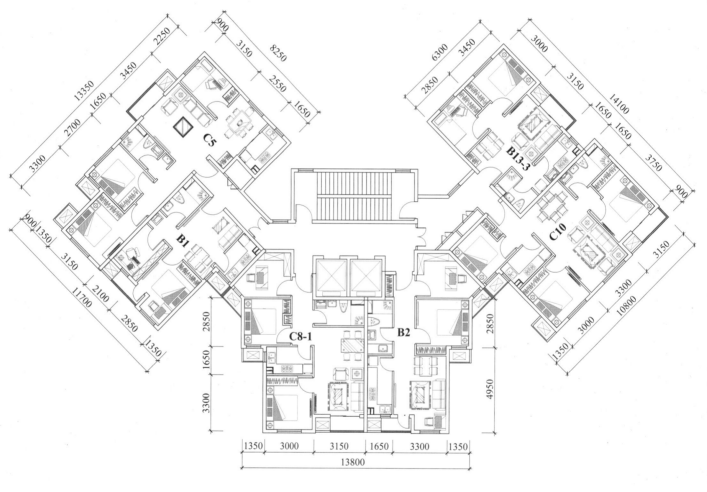

户型编号	户型用量	户型类型	套内使用面积（m²/套）	套型阳台面积（m²/套）	套型总建筑面积（m²/套）
C10	1	三室二厅一卫	59.91	1.20	85.50
C8-1	1	三室二厅一卫	54.11	1.27	77.49
C5	1	三室二厅一卫	59.63	1.35	85.32
B13-3	1	二室二厅一卫	40.74	1.22	58.71
B2	1	二室二厅一卫	46.96	1.05	67.18
B1	1	二室二厅一卫	35.82	1.14	51.71
住宅标准层总建筑面积（m²）			425.92		
住宅标准层总使用面积（m²）			304.40		
住宅标准层使用面积系数			0.7147		

鹰形楼 6
2 梯 6 户（拐角外廊式）

塔　式

C5+B1

● C5 和 B1 户型采用
横向完全对接，充
分利用采光面。

● 门外预留了公共管
井。

蝶形楼1
2梯6户（拐角外廊式）

适用范围：中部交通核，通过"V"字形拐角外廊、连接45°角朝向的户型。

楼座分析：为点式塔楼，厚重的外形适合高层住宅林立的大社区。蝶形和鹰形外表相似，区别是前者为双翅，后者为单翅。交通核集中在中部，2部标准电梯正好卡在两个对接的C12-1户型中。剪刀梯长度增加到8.55米，是为了减少凹槽。

户型布局：B7和B13-1户型为6.3米对接，东南和西南外墙整齐，同时B13-1户型内高窗缩小。

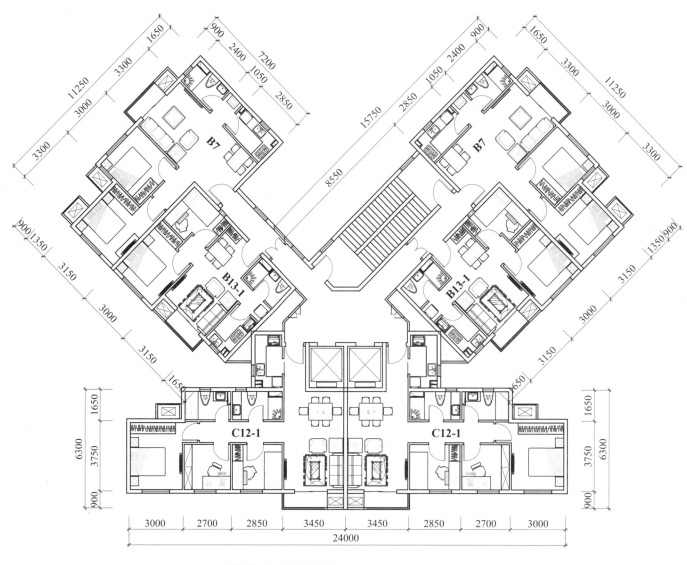

户型编号	户型用量	户型类型	套内使用面积（m²/套）	套型阳台面积（m²/套）	套型总建筑面积（m²/套）
C12-1	2	三室二厅二卫	62.03	1.33	87.53
B7	2	二室二厅一卫	51.49	1.29	72.91
B13-1	2	一室二厅一卫	40.74	1.22	57.96
住宅标准层总建筑面积（m²）			436.83		
住宅标准层总使用面积（m²）			316.20		
住宅标准层使用面积系数			0.7239		

蝶形楼1

2梯6户（拐角外廊式）

塔　式

B13-1+B7

● 两户型为6.3米卡口对接，东南外墙整齐。

● B13-1户型次卧通风高窗适当缩小。

蝶形楼 2
3 梯 10 户（拐角内廊式）

塔 式

适用范围：中部交通核，通过"U"形拐角内廊连接四面朝向的户型。

楼座分析：为点式塔楼，厚重的外形适合高层住宅林立的大社区。交通核集中在中部，2 部标准电梯加 1 部宽电梯，前室直接对着北侧楼体开槽，采光、通风不错。

户型布局：B4-4 和 B9-1 户型对接，阳台相连，结构规整，并可充分利用侧面采光。B1 户型外墙收缩进楼面，是为了取直走廊，缩小公摊，当然，也可以与 B4-4 户型外墙取齐。

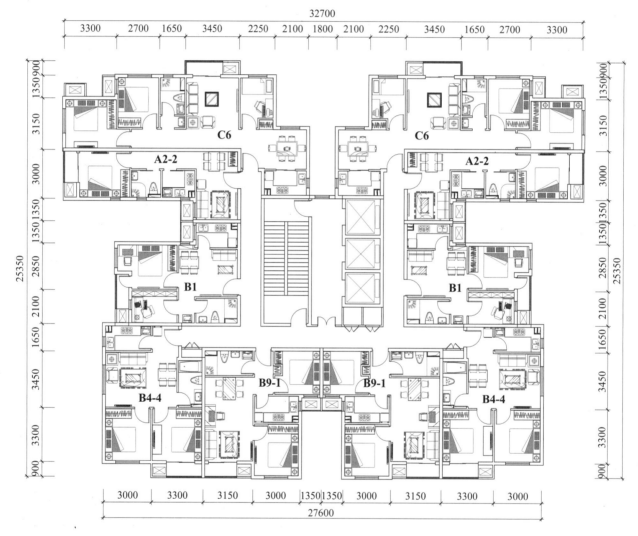

户型编号	户型用量	户型类型	套内使用面积（m²/套）	套型阳台面积（m²/套）	套型总建筑面积（m²/套）
A2-2	2	一室二厅一卫	31.16	1.14	44.76
B1	2	二室二厅一卫	35.82	1.14	51.22
B4-4	2	二室二厅一卫	45.82	1.27	65.26
B9-1	2	二室二厅一卫	45.03	1.20	64.07
C6	2	三室二厅一卫	62.34	1.35	88.26
住宅标准层总建筑面积（m²）			627.14		
住宅标准层总使用面积（m²）			452.54		
住宅标准层使用面积系数			0.7216		

蝶形楼 2
3 梯 10 户（拐角内廊式）

塔 式

B4−4+B9−1
- 充分利用侧面采光。
- 两户型完全对接，阳台相连。

蝶形楼 3
3 梯 8 户（拐角内廊式）

塔 式

适用范围：中部交通核，通过"U"形拐角内廊连接四面朝向的户型。

楼座分析：为点式塔楼，厚重的外形适合高层住宅林立的大社区。交通核集中在中部，2 部标准电梯和 1 部宽电梯前室借用右侧走廊，目的是腾出空间在左侧走廊设置公共管井。

户型布局：C6 和 A2-2 户型对接为常见组合模块，卧室床头柜处开窄窗是为了增加南向日照。B9-4 沙发处增加开窗，同样是为了增加南向日照。

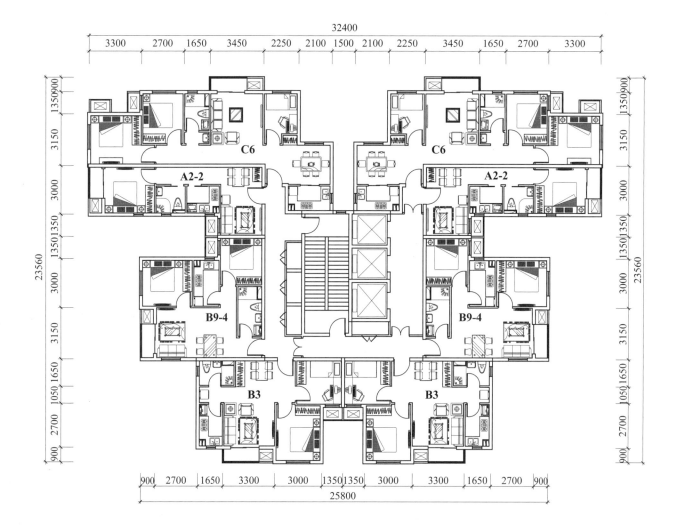

户型编号	户型用量	户型类型	套内使用面积（m²/套）	套型阳台面积（m²/套）	套型总建筑面积（m²/套）
A2-2	2	一室二厅一卫	31.16	1.14	45.33
B3	2	二室二厅一卫	44.69	1.27	64.50
B9-4	2	二室二厅一卫	45.03	1.20	64.88
C6	2	三室二厅一卫	62.34	1.35	89.38
住宅标准层总建筑面积（m²）			528.12		
住宅标准层总使用面积（m²）			376.36		
住宅标准层使用面积系数			0.7126		

蝶形楼 3
3 梯 8 户（拐角内廊式）

塔 式

C6+A2—2
- 两户型为完全对接的常用组合模块。
- 卧室床头柜处开窄窗是为了增加南向日照。

蝶形楼4
3梯6户（拐角内廊式）

适用范围：中部交通核，通过两侧拐角内廊连接四面朝向的户型。

楼座分析：为点式塔楼，厚重的外形适合高层住宅林立的大社区。相邻电梯中间增设管井，

是为了避免直对C9住户大门。

户型布局：C13-2和C9户型对接，形成侧向错位开槽，使C13-2户型获得了阳光主卫，并且北侧的楼体开槽也使其餐厅可以设采光窗。

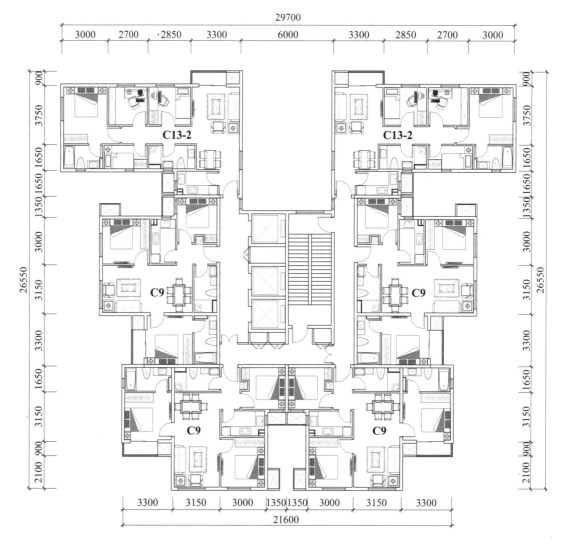

户型编号	户型用量	户型类型	套内使用面积（m²/套）	套型阳台面积（m²/套）	套型总建筑面积（m²/套）
C9	4	三室二厅二卫	61.82	1.27	86.58
C13-2	2	三室（半）二厅二卫	65.07	1.27	91.04
住宅标准层总建筑面积（m²）			528.42		
住宅标准层总使用面积（m²）			452.54		
住宅标准层使用面积系数			0.7287		

蝶形楼 4
3 梯 6 户（拐角内廊式）

塔　式

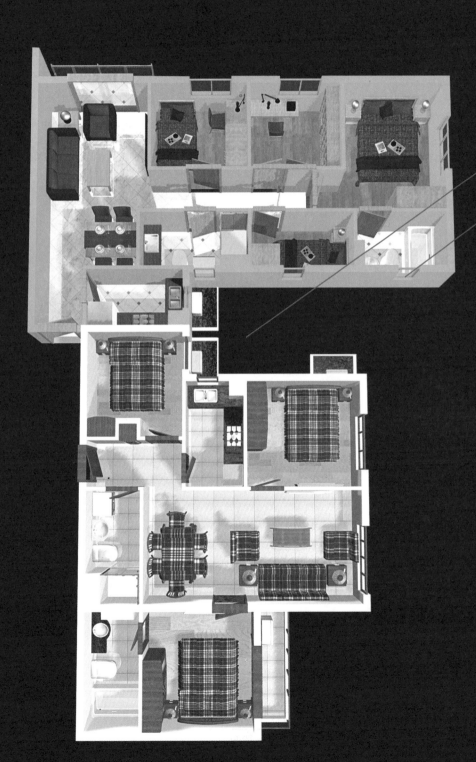

C13-2+C9

● C13-2 和 C9 户型对
接，形成侧向开槽。

● 南向开窗形成了阳
光主卫。

口字楼 1
3 梯 10 户（直通内廊式）

塔　式

适用范围：中部交通核，通过横向直通内廊连接四面朝向的户型。适于东西向楼。

楼座分析：为点式塔楼，略长的外形类似板塔楼。走廊左右展开，户型上下排列，交通核集中在中部，步行梯采用北侧楼座凹槽通风。

户型布局：B1+C10 户型对接，凹槽正好卡入 3 部标准电梯。

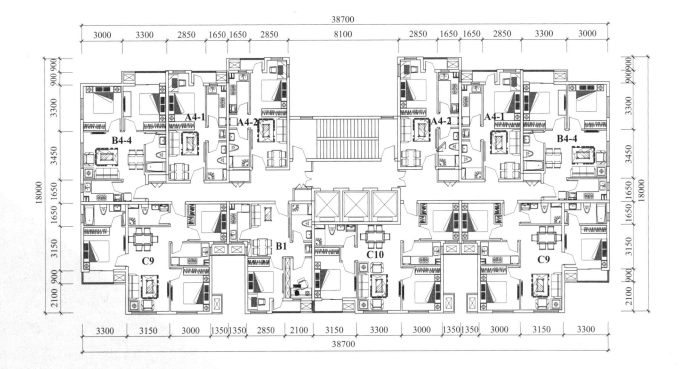

户型编号	户型用量	户型类型	套内使用面积（m²/套）	套型阳台面积（m²/套）	套型总建筑面积（m²/套）
C9	2	三室二厅二卫	61.82	1.27	85.22
B1	1	二室二厅一卫	35.82	1.14	49.93
B4-4	2	二室二厅一卫	45.82	1.27	63.61
C10	1	三室二厅一卫	59.51	1.20	82.55
A4-2	2	一室一卫	29.62	1.01	41.38
A4-1	2	一室一卫	29.62	1.01	41.38
住宅标准层总建筑面积（m²）			595.63		
住宅标准层总使用面积（m²）			440.95		
住宅标准层使用面积系数			0.7403		

口字楼 1
3 梯 10 户（直通内廊式）

塔　式

B1+C10

● 凹槽正好卡入 3 部
　标准电梯。

● 南外墙非常平整，
　阳台成双。

口字楼 2

4 梯 12 户（拐角内廊式）

塔 式

适用范围：中部交通核，通过"工"字形内廊连接四面朝向的户型。适于斜向或商住类楼。

楼座分析：为点式塔楼，方正的外形适合城市高层地标性住宅。交通核横向展开，南北贯通走廊的通风窗设置在电梯前厅两端。2部标准电梯加2部宽电梯配剪刀梯，尤其适合人群流动性大的商住类公寓。

户型布局：结构非常规整，户型阳台成双相邻，使外立面非常平衡。

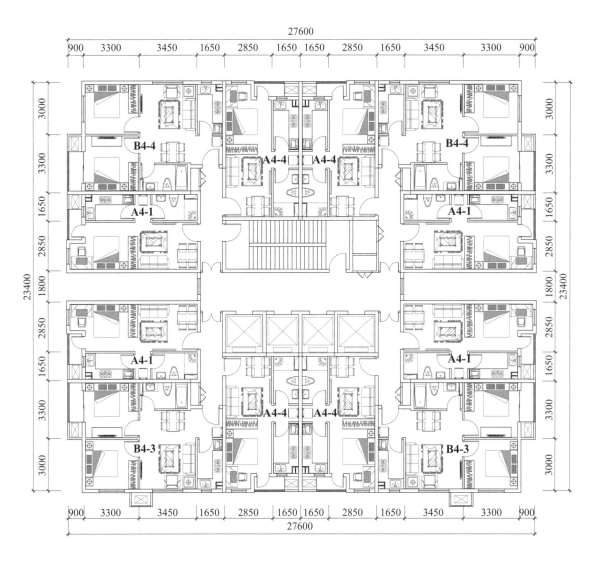

户型编号	户型用量	户型类型	套内使用面积（m²/套）	套型阳台面积（m²/套）	套型总建筑面积（m²/套）
B4-3	2	二室二厅一卫	45.82	1.27	65.49
B4-4	2	二室二厅一卫	45.82	1.27	65.49
A4-1	4	一室一卫	29.62	1.01	42.60
A4-4	4	一室一卫	29.62	1.01	42.60
住宅标准层总建筑面积（m²）			602.82		
住宅标准层总使用面积（m²）			433.40		
住宅标准层使用面积系数			0.7190		

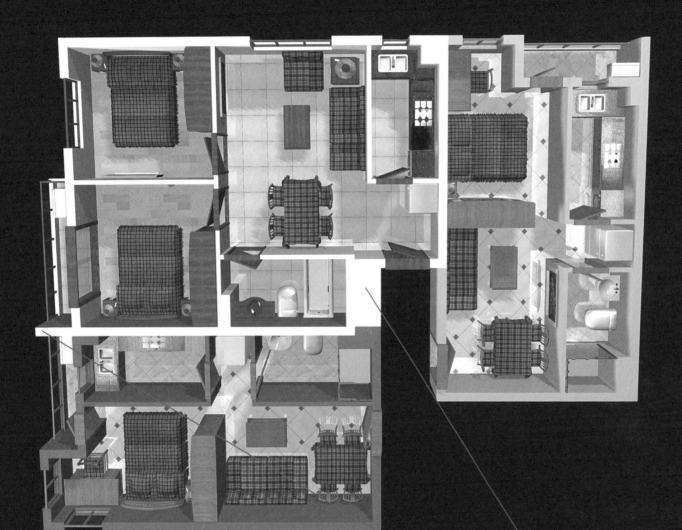

A4—1+B4—4+A4—4

● 大门外的集中管井，
  为 3 户所用。

● 户型完全对接，阳台
  成双相邻。

口字楼3
3梯8户（拐角内廊式）

适用范围：中部交通核，通过拐角内廊连接四面朝向的户型。适于东西向楼。

楼座分析：为点式塔楼，略长的外形类似板塔楼。交通核横向展开，楼梯左侧设1部标准电梯，右侧设1部标准电梯和1部宽电梯，避开了住户大门。通风窗设置在楼梯内，由于楼梯加长，两个安全疏散门的距离超过了5米，符合规范。

户型布局：C1和B13-1户型横向并列，以获得充分的日照，小书房和次卧均通过高窗通风。

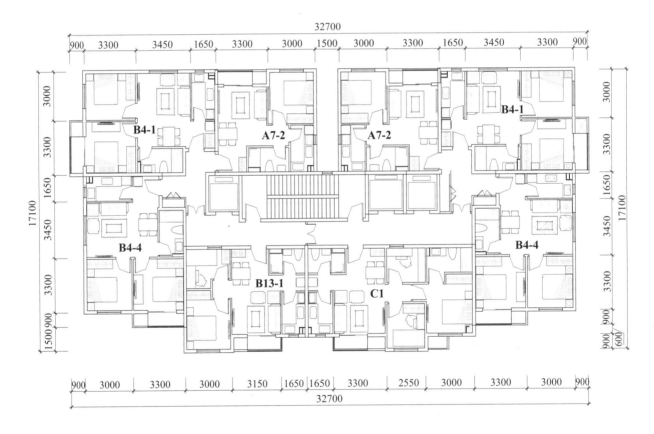

户型编号	户型用量	户型类型	套内使用面积 （m²/套）	套型阳台面积 （m²/套）	套型总建筑面积 （m²/套）
C1	1	二室二厅二卫	53.76	1.29	76.16
B4-1	2	二室二厅一卫	45.82	1.27	65.15
B4-4	2	二室二厅一卫	45.82	1.27	65.15
A7-2	2	一室一厅一卫	33.56	1.27	48.19
B13-1	1	一室二厅一卫	40.74	1.22	58.05
住宅标准层总建筑面积（m²）			491.17		
住宅标准层总使用面积（m²）			355.03		
住宅标准层使用面积系数			0.7228		

口字楼 3
3 梯 8 户（拐角内廊式）

塔 式

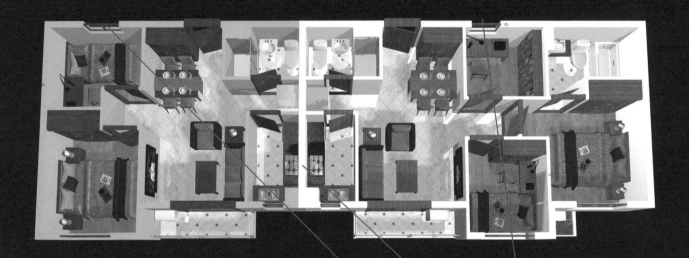

C1+B13-1

● 小书房通过走廊高窗通风。

● 相似户型横向并列，获得
充分的日照的同时，外立
面也整洁。

● 次卧通过走廊高窗通风。

口字楼 4
2 梯 7 户（拐角内廊式）

塔 式

楼座分析：为 18 层以下点式塔楼，方正的外形适合外立面类似写字楼的地标性建筑。交通核非常紧凑，公摊很小，电梯为 1 部标准梯加 1 部宽梯。

户型布局：对应模块的 C10 户型，凹槽侧向卡进了 C1 户型，咬合紧密。C1 户型书房为走廊高窗通风，虽然算作两居，但空间利用率较高。

适用范围：中部交通核，通过两侧南北内廊连接北面朝向的户型。适于斜向或商住类楼。

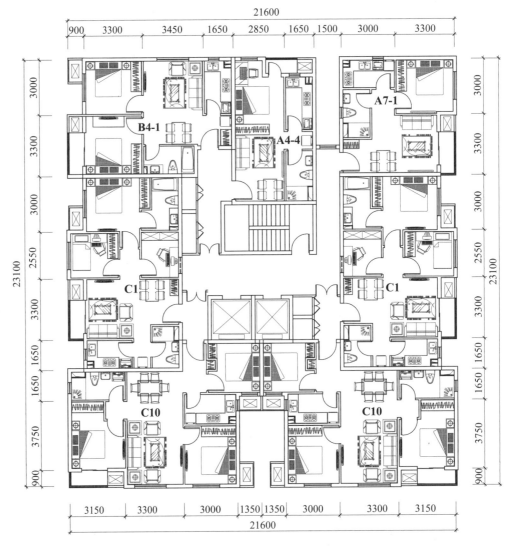

户型编号	户型用量	户型类型	套内使用面积（m²/套）	套型阳台面积（m²/套）	套型总建筑面积（m²/套）
C1	2	二室二厅二卫	53.76	1.29	74.62
B4-1	1	二室二厅一卫	45.82	1.27	63.83
C10	2	三室二厅一卫	59.51	1.20	82.30
A7-1	1	一室一厅一卫	33.56	1.27	47.21
A4-4	1	一室一卫	29.62	1.01	41.52
住宅标准层总建筑面积（m²）			467.51		
住宅标准层总使用面积（m²）			344.87		
住宅标准层使用面积系数			0.7377		

口字楼 4
2 梯 7 户（拐角内廊式）

塔 式

C1+C10

● 小书房通过走廊高窗
  通风。

● C10 户型凹槽侧向卡
  进了 C1 户型，咬合
  紧密。

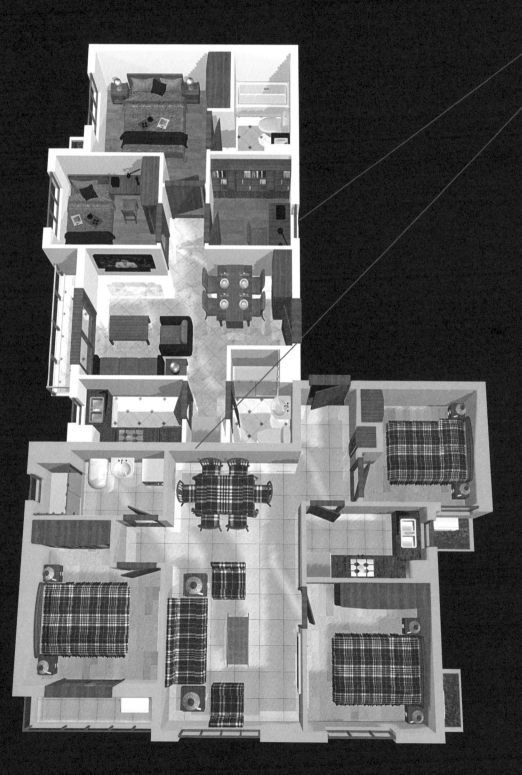

口字楼5
2梯8户（拐角内廊式）

塔　式

适用范围：中部交通核，通过东西侧内廊连接四面朝向的户型。适于斜向或商住类楼。

楼座分析：为点式塔楼，方正的外形适合外立面类似写字楼的地标性建筑。电梯配备为2部标准梯加1部窄梯。走廊通过右侧开槽通风。

户型布局：正向对接的C10户型，两侧凹槽侧向卡进了B13-1户型，咬合紧密，B13-1次卧为走廊高窗通风。右上侧A7-2户型可以替换B8-1户型，但次卧和起居室只能通过开槽采光。

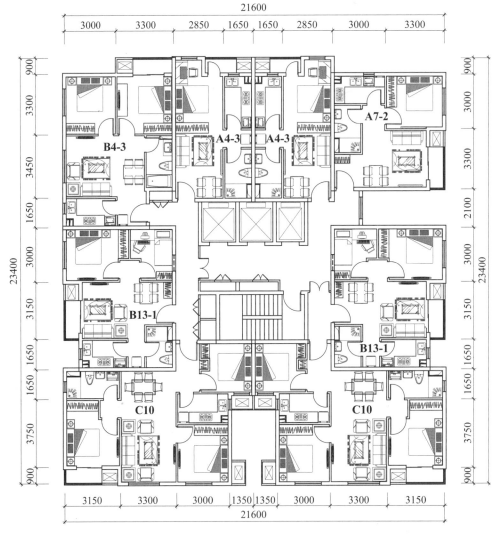

户型编号	户型用量	户型类型	套内使用面积（m²/套）	套型阳台面积（m²/套）	套型总建筑面积（m²/套）
B13-1	2	一室二厅一卫	40.74	1.22	56.42
B4-3	1	二室二厅一卫	45.82	1.27	63.31
C10	2	三室二厅一卫	59.51	1.20	82.16
A7-2	1	一室一厅一卫	33.56	1.27	46.83
A4-3	2	一室一卫	29.62	1.01	41.18
住宅标准层总建筑面积（m²）			469.63		
住宅标准层总使用面积（m²）			349.32		
住宅标准层使用面积系数			0.7438		

口字楼 5
2 梯 8 户（拐角内廊式）

塔　式

B13-1+C10

● 次卧通过走廊高窗通风。

● C10 户型凹槽侧向卡进了
　B13-1 户型，咬合紧密。

斜向楼1
2梯5户（拐角内廊式）

塔 式

适用范围：中部交通核，通过斜向内廊连接45°角的户型。

楼座分析：局部为板塔楼，适合北侧为中央花园布局的社区。东南、西南居室满足日照，东北、西北居室满足观景。1部标准电梯加1部宽电梯配两跑步行梯，为18层以下楼用，紧凑的走廊使公摊很小。楼梯的高窗以及B10-2户型的客厅窗外侧的遮挡墙面，都是为了避免与C2户型互视。

户型布局：C2+B9-1户型和C5+B9-1户型为常用板塔楼组合，斜向布局后，原本在北侧的B10-2户型，也获得了东南日照。

户型编号	户型用量	户型类型	套内使用面积（m²/套）	套型阳台面积（m²/套）	套型总建筑面积（m²/套）
C2	1	三室二厅二卫	65.85	2.28	89.83
B10-2	1	二室二厅二卫	52.88	1.16	71.26
B9-1	2	二室二厅一卫	45.03	1.20	60.96
C5	1	三室二厅一卫	59.63	1.35	80.41
住宅标准层总建筑面积（m²）			363.40		
住宅标准层总使用面积（m²）			275.61		
住宅标准层使用面积系数			0.7584		

斜向楼 1
2 梯 5 户（拐角内廊式）

塔　式

C2+B10-2

- 斜向布局后，原本在北侧 B10-2，也获得了东南日照。

- 楼梯的高窗以及 B10-2 户型的客厅窗外侧的遮挡墙面，都是避免互视。

- C2 户型卫生间增设开窗。

斜向楼2
2梯4户（拐角内廊式）

塔式

适用范围： 中部交通核，通过"V"形拐角内廊连接45°角朝向的户型。

楼座分析： 为18层以下点式塔楼，适合多楼交错布局的社区。2部标准电梯采用90°角偏转开向不同方向，目的是合理地利用拐角多的走廊，缩小公摊。

户型布局： C8-2户型主卧和次卧床头柜的窄条侧窗，可以获得更多的日照、观景。

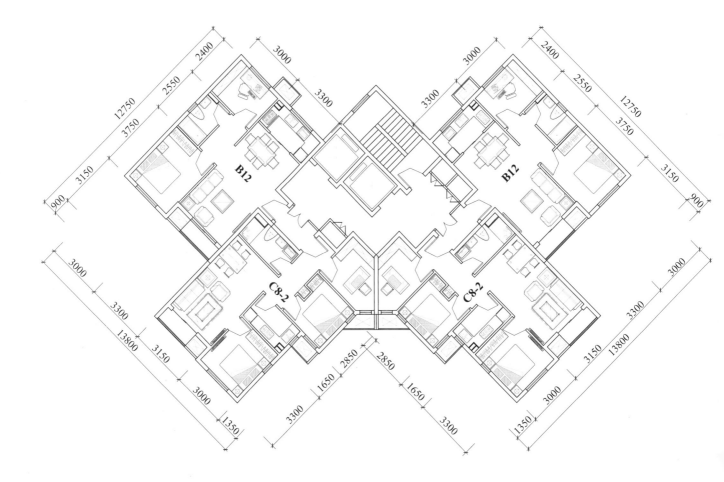

户型编号	户型用量	户型类型	套内使用面积（m²/套）	套型阳台面积（m²/套）	套型总建筑面积（m²/套）
B12	2	二室二厅一卫	48.55	1.26	70.14
C8-2	2	三室二厅一卫	54.11	1.27	77.98
住宅标准层总建筑面积（m²）					296.22
住宅标准层总使用面积（m²）					210.38
住宅标准层使用面积系数					0.7102

斜向楼 2

2 梯 4 户（拐角内廊式）

塔 式

C8-2+B12

户门相对，与走廊相隔，私
密性好。

偏转 45°角后，在 C8-2 主
卧和次卧床头柜位置的窗条
侧窗，使日照更丰富。

斜向楼 3
2 梯 6 户（拐角内廊式）

塔 式

适用范围：中部交通核，通过斜向拐角内廊连接南向和 45°角朝向的户型。

楼座分析：为 18 层以下点式塔楼，中部、东南和西南各有一深凹槽，解决厨卫和公共走廊通风问题。该楼同时适合于南方，全部卫生间均为明卫，包括交通核的双窗，整体通风良好。设置 2 部标准电梯后，消化了异形交通走廊。C6、A2-2 与 C14 户型采用斜向布局，外立面整洁、大方，同时无互视。

户型布局：C6 和 A2-2 户型为常用组合，斜向布局后，A2-2 户型卧室床头的窄窗使日照面较之横向布局宽阔。可以在 C14-2、C14-4 户型的餐厅增开窄窗，加强通风、采光。

户型编号	户型用量	户型类型	套内使用面积（m²/套）	套型阳台面积（m²/套）	套型总建筑面积（m²/套）
C14-2	1	二室（半）二厅二卫	62.66	1.27	87.18
C14-4	1	二室（半）二厅二卫	62.66	1.27	87.18
C6	2	三室二厅一卫	62.34	1.35	86.85
A2-2	2	一室二厅一卫	31.16	1.14	44.05
住宅标准层总建筑面积（m²）			436.17		
住宅标准层总使用面积（m²）			319.84		
住宅标准层使用面积系数			0.7333		

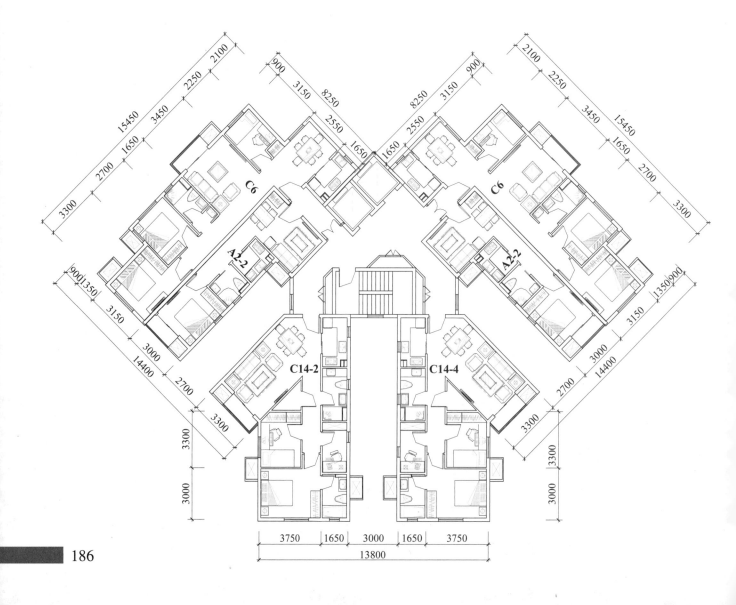

斜向楼 3
2 梯 6 户（拐角内廊式）

塔　式

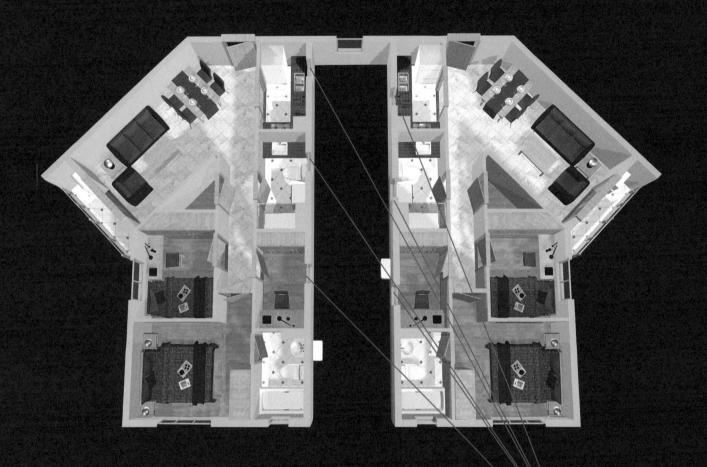

C14—2+C14—4

● 开槽内采用错位窗

处理，避免互视。

斜向楼 4
3 梯 6 户（拐角内廊式）

塔　式

适用范围：中部交通核，通过"V"形斜向拐角内廊连接 45°角朝向的户型。

楼座分析：为点式塔楼，东南和西南各有一深凹槽，解决起居室、厨卫和交通核通风问题。除 B1 户型外，其余户型卫生间均为明卫，整体通风良好。电梯配备为 2 部标准梯加 1 部窄梯，配上剪刀梯，出行便捷。C5+B1 户型组合曾用在

鹰形楼和板塔楼，采光、通风良好。加上 C14-2 户型采用斜向对接，外立面整体变化多样。

户型布局：C14-2 户型斜向布局后，客厅为正向采光，半间小书房和厨卫也获得了短时间的斜向日照。

户型编号	户型用量	户型类型	套内使用面积（m²/套）	套型阳台面积（m²/套）	套型总建筑面积（m²/套）
C14-2	2	二室（半）二厅二卫	62.66	1.27	89.46
C5	2	三室二厅一卫	69.63	1.35	85.33
B1	2	二室二厅一卫	35.82	1.14	51.72
住宅标准层总建筑面积（m²）			453.02		
住宅标准层总使用面积（m²）			323.74		
住宅标准层使用面积系数			0.7146		

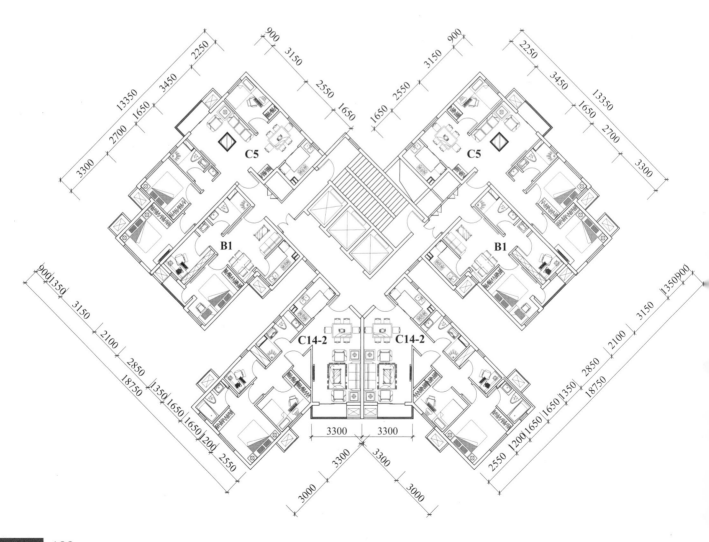

斜向楼 4
3 梯 6 户（拐角内廊式）

塔　式

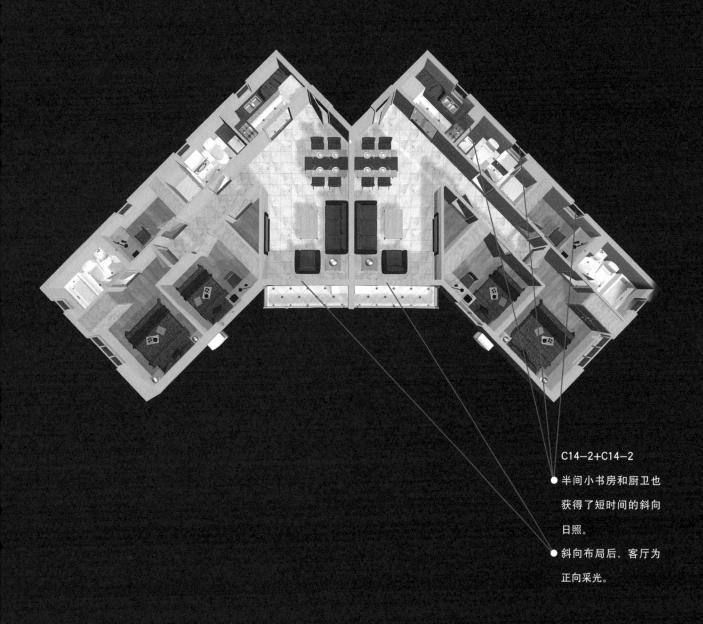

C14—2+C14—2

● 半间小书房和厨卫也
　获得了短时间的斜向
　日照。

● 斜向布局后，客厅为
　正向采光。

近些年，我在国家级出版社陆续出版了 29 卷个人建筑设计专集，其中以户型设计、改造为主。从十余个城市中查找，从上千个项目中筛选，从数万个户型中精选，不断地对比、分类，从市场中来，到市场中去，最终将户型分成了小户型、中户型、大户型、别墅户型、度假和养生户型、政策房户型，接着又从政策房户型中分出了公租房户型等等，尽量涵盖户型的全部样式，并从 2010 年底陆续分 8 卷出版。

《小户型的选择与改造》从面积限定入手，选择了超小的迷你一居、合体一居，以及精巧的一居、二居、三居，同时，将小复式、LOFT、酒店式公寓这些具有时尚元素的样式纳入其中。"小"是控制面积尺度，"巧"是表现设计技艺，两者完美结合，才能达到精致。

《中户型的选择与改造》从建筑样式及使用范围入手，选择了板楼、塔楼、板塔楼、花园洋房，以及商住公寓和商务公寓，这些户型面积较之小户型要宽松一些，代表了市场的主流。舒适需要中等面积的支撑，需要一些中规中矩的样式；中户型也必须要迎合大多数人的口味，必须要满足家庭的基本需求。

《大户型的选择与改造》从户型样式入手，选择了大面积的平层、复式、空中花园、空中别墅户型，这些是市场中的高端，占据着特殊的资源，往往也被成功人士所拥有。奢华需要大面积，但大面积不一定就奢华；品位需要大面积营造，但大而无当反而容易失去品位。

《别墅户型的选择与改造》从建筑样式入手，选择了叠拼别墅、联排别墅、双拼别墅、独栋别墅户型，面积从 150 平方米的两层，到 1700 平方米的四层，为了感受到不同地域的居住方式，还有选择地改造了台湾地区的一些经典别墅。别墅与集合式公寓最大的不同，就是上有天、下有地，前后有院，左右有墙，室内外融会贯通，这也是别墅设计的关键所在。

《政策房的设计与改造》从使用范围入手，选择了两限房、经济适用房、公共租赁房、廉租房、对接安置房、动迁安置房、旧城保护安置房、棚户区改造房，这些房从建筑样式上与小、中户型的商品房无异，但建造成本上却要低许多。简化结构，降低结构成本，借用空间，提高空间利用率，成为政策房设计的核心要素。

《公租房的设计与改造》从政策房中的一类入手，在使用范围中选择了廉租房和出租房，在建筑样式中选择了单元式中的板塔楼和塔楼，在模块设计方式中选择了合体一居、一居和二居，其建造成本较之其他政策房还要低，加上有限的面积，设计难度可想而知。

《度假、养生户型的选择与改造》从居住与环境入手，选择了水景房、海景房、山景房、度假酒店式公寓、养生公寓、老年公寓，这些房在建筑样式和户型布局上与大多数商品房大同小异，只是度假户型偏重由内而外的观景设计和景观环境，而养生户型则更多考虑由外而内的自然设施和空间布局。两者的共同点在于对居住者心情和健康的更多关注。

《模块户型的设计与组合》从面积小巧、尺度标准、组合灵活入手，遵循模数协调网格化的规律，使居室和户型像积木样拆装，对住宅设计计算机化、标准化，住宅生产工业化、部品化，进行了有益的探索。

8 卷书组成的户型设计与改造系列，构成了我对户型设计的重要理念，最终的理想，就是将标准模块户型的设计与组合通过计算机软件化，实现建筑设计领域的革命性飞跃。

这一天也许会很快到来，我坚信。

作者　2013 年 6 月于北京西山

全案策划：horserealty 北京豪尔斯房地产咨询服务有限公司

技术支持：horseexpo 北京豪尔斯国际展览有限公司

图稿制作：horsephoto 北京黑马艺术摄影公司

文字统筹：⚡李小宁房地产经济研究发展中心

作者主页：lixiaoning.focus.cn　　　　　　　　　　　　　搜狐网—房产—业内论坛—地产精英（www.sohu.com）

作者博客：http：//LL2828.blog.sohu.com　　　　　　　搜狐焦点博客（www.sohu.com）

　　　　　http：//blog.soufun.com/blog_5771374.htm　　搜房网—地产博客（www.soufun.com）

　　　　　http：//blog.sina.com.cn/lixiaoningblog　　　新浪网—博客—房产（www.focus.cn）

　　　　　http：//www.funlon.com/ 李小宁　　　　　　　房龙网—博客（www.funlon.com）

　　　　　http：//www.quanjinglian.com/uchome/space-93.html　全经联家园—个人主页（www.quanjinglian.com）

　　　　　http：//hexun.com/lixiaoningblog　　　　　　和讯网—博客（www.hexun.com）

　　　　　http：//lixiaoning.blog.ce.cn　　　　　　　中国经济网—经济博客（www.ce.cn）

　　　　　http：//lixiaoning.114news.com　　　　　　建设新闻网—业内人士（www.114news.cn）

　　　　　http：//blog.ifeng.com/1384806.html　　　　凤凰网—凤凰博报（www.ifeng.com）

　　　　　http：//lixiaoning.china-designer.com　　　设计师家园网—设计师（www.china-designer.com）

　　　　　http：//lixiaoning.buildcc.com　　　　　　建筑时空网—专家顾问（www.buildcc.com）

　　　　　http：//www.aaart.com.cn　　　　　　　　　中国建筑艺术网—建筑博客中心（www.aaart.com.cn）

　　　　　http：//2de.cn/blog　　　　　　　　　　　中国装饰设计网—设计师博客（www.2de.cn/blog）

　　　　　http：//blogs.bnet.com.cn/?1578　　　　　　商业英才网—博客（www.bnet.com.cn）

　　　　　http：//lixn2828.blog.163.com/blog　　　　网易—房产—博客（www.163.com）

编写人员：王飞燕、刘兰凤、李木楠、李宏垠、潘瑞云、刘志诚、李燕燕、李海力、罗　健、刘　晶、陈　婧、刘冬宝、刘　亮、
　　　　　刘润华、谢立军、刘晓雷、刘思辰、刘冬梅、隋金双、赵　静、王丽君、刘兰英、郭振亚、王共民、张茂蓉、杨美莉、
　　　　　李　刚、伊西伟、潘如磊、刘　丽、吴　燕、陈荟凤

作者联络：LL2828@163.com　horseexpo@163.com

官方网站：www.horseexpo.net